非均匀高辐射热流环境下
太阳能吸热器光热耦合特性研究

毛前军 著

U0250492

WUHAN UNIVERSITY PRESS
武汉大学出版社

图书在版编目(CIP)数据

非均匀高辐射热流环境下太阳能吸热器光热耦合特性研究/毛前军
著.—武汉:武汉大学出版社,2016.9
ISBN 978-7-307-18574-6

Ⅰ.非… Ⅱ.毛… Ⅲ.太阳能利用—石油工程—研究
Ⅳ.①TK519 ②TE

中国版本图书馆 CIP 数据核字(2016)第 203463 号

责任编辑:任仕元   责任校对:汪欣怡   版式设计:马 佳

出版发行:**武汉大学出版社** (430072 武昌 珞珈山)
        (电子邮件:cbs22@whu.edu.cn 网址:www.wdp.com.cn)
印刷:虎彩印艺股份有限公司
开本:720×1000 1/16 印张:9.5 字数:133千字 插页:1
版次:2016 年 9 月第 1 版   2016 年 9 月第 1 次印刷
ISBN 978-7-307-18574-6   定价:22.00 元

序

　　能源是支撑人类文明进步的物质基础。目前，我国已经成为世界上最大的能源生产国和最大的能源消耗国，能源消耗总量近年来增长过快使得保障能源供应压力增大，能源问题成为制约我国经济可持续发展、社会和谐稳定的主要因素之一。而太阳能具有取之不尽用之不竭的特点，并且对环境不产生任何污染，因此具有极大的应用价值。但是，由于太阳能的低密度、多变性和昼夜间歇性等特性，目前太阳能在工业方面产业化、规模化实际应用还很不普遍。作为能源密集型企业的油田既是产能大户也是耗能大户，一方面源源不断地为国家提供能源，另一方面也在不断地消耗大量的能源。能耗问题一直困扰着油田的可持续发展和导致环境生态问题的产生，在油田利用太阳能具有较高的科学价值和巨大的社会经济效益。因此，实现太阳能的高效光热转换及应用具有特殊的背景和广阔的前景。

　　本书以严寒高纬度地区碟式太阳能聚光系统高效光热转换及利用为应用背景，结合油田工程实际对太阳能利用发展的技术需求，对碟式太阳能聚光系统太阳辐射强度、腔式吸热器的优化设计、腔式吸热器热流密度场分布规律、太阳能光热转换效率及应用等核心技术的关键基础科学问题开展系统研究。主要研究内容包括以下4个方面：

　　1. 基于气溶胶修正因子的太阳辐射强度的理论计算和实验测试研究。首先，分析大气层中气溶胶的几何特性和辐射特性，提出太阳辐射强度理论计算模型中的气溶胶修正因子的意义和概念，并以地面观测数据的反演计算结果为基础，采用普朗克、罗斯兰德和普朗克-罗斯兰德模型分别计算平均衰减系数；其次，基于

SMARTS 软件计算光谱太阳辐射强度，并以此选择平均衰减系数的模型；再次，根据计算结果给出太阳辐射强度计算中气溶胶修正因子及在实际应用中的选定方法；最后，采用修正后的太阳辐射强度 Hottel 模型计算哈尔滨地区典型时段的逐时辐射强度及年周期性变化规律，并通过实验测试验证理论模型的精度。

2. 太阳能腔式吸热器优化设计研究。基于碟式太阳能聚光系统光路传输过程的特点和蒙特卡洛法的求解思想，分别给出太阳光线发射、反射、吸收以及逃逸过程中的计算模型，重点推导出旋转抛物面发射点的概率模型，提出研究系统 14 个表面的物理模型和数学描述，并采用 FORTRAN 95 语言完成太阳能腔式吸热器的辐射特性数值模拟程序的设计、编写；通过分析单碟与多碟太阳能聚光系统的差别和实验测试光谱反射率的变化规律等为数值模拟计算提供准确的参数；同时基于等高度等面积法和等开口等面积法设计 4 种不同形状的腔式吸热器，并数值模拟腔式吸热器的热流密度场分布特征；考虑腔体材料的光学特性，给出辐射热流随材料光学特性的变化规律；最后研究 6 种不同高径比条件下腔式吸热器的热流分布规律，建立吸热器总吸热量与吸热器高度之间的本构方程，同时以腔式吸热器获取最大有效吸热量为目标函数，优化提出腔式吸热器最优的高径比。

3. 太阳能腔式吸热器辐射特性数值模拟研究。针对碟式太阳能聚光系统对热流密度分布的重要作用，数值研究碟式太阳能聚光系统的焦距对光斑特性、焦面热流分布规律以及吸热器内表面热流分布的影响，通过计算结果提出不同碟式太阳能聚光系统圆柱形腔式吸热器最大热流值出现位置的函数关系；同时基于气溶胶对太阳辐射强度的强烈影响数值模拟变化范围较大的 5 种太阳辐射强度对腔式吸热器热流密度和无量纲热流的影响；数值模拟研究 6 种不同系统误差对腔式吸热器辐射热流分布及总吸热量的影响，并给出不同系统误差条件下腔式吸热器总吸热量的理论计算模型。

4. 碟式太阳能聚光系统光热转换效率数值模拟和实验测试，并基于研究结果进行太阳能在油田工程中的理论应用研究。系统地提出严寒高纬度地区光热转换效率实验测试方法和手段；实验测试腔式吸热器热流密度分布规律，验证数值模拟结果的精度；以蒙特卡洛法计算的辐射热流分布规律作为边界条件(UDF 函数的形式)，采用 Fluent 计算软件数值模拟碟式太阳能聚光系统腔式吸热器出口水温分布规律；完成太阳能光热转换效率基本参数的测试，建立光热转换效率计算模型，给出热效率的变化特征；结合油田工程特点，理论设计太阳能在油田工程利用中的流程图并进行初步验证。

目　　录

第1章 绪 论

1.1 研究背景及意义

能源、环境以及可持续发展是 21 世纪人类社会生存和发展的关键主题,三者之中环境和能源是保障,可持续发展是中心。然而近些年来,随着经济社会发展、人口增长、人民生活水平提高及城市化、现代化的生活方式对能源的需求不断增大,能源供需矛盾加剧,在一定程度上影响了社会的可持续发展。同时,能源是我国现代社会发展不可或缺的物质基础,能源问题是我国实现全体人民共同富裕过程中的一个重大战略问题。随着常规化石能源储量的逐步减少和对环境污染的加剧,人类为了可持续发展和生存的需要,必然要寻求可再生能源来代替常规能源。以我国石油对外依存度(年进口量与消费量之比)为例,1995 年,我国石油对外依存度为7.6%;2003 年,我国石油对外依存度为 48.6%[1];2012 年,我国进口原油总量为 2.7 亿吨,石油对外依存度升至 57%,超过了50%的警戒线[2]。如何保障我国的石油安全,已成为国家、社会关注的重大问题之一。与此同时,随着油田开发的持续和原油储量的日益减少,自产原油产量逐渐减小,而原油综合质量含水率还在上升,开采石油的难度不断变大,开采单位原油所耗费的能耗总量不断增加,并且由于油田生产工艺环节中存在用能不合理,造成了油田系统自身能耗过大,油田节能减排和新能源的利用已经成为目前油田可持续发展过程中的关键问题之一。

大庆油田作为中国最大的石油生产基地,连续 29 年保持 5000万吨以上的原油稳产水平,为我国的能源工业做出了巨大的贡献,

1

也是黑龙江省经济的支柱产业。大庆油田既是产能大户，也是耗能大户[3,4]，在为国家源源不断输送能源的同时自身的能耗总量很大。2005 年大庆油田生产原油约为 4495 万吨，能耗总量约为 670 万吨标煤；2010 年大庆油田生产原油约为 4000 万吨，能耗总量约为 665 万吨标煤[5,6]。同时，随着大庆油田开采后期(综合含水不断增加，已达到 90%以上)和生产规模的进一步扩大，能耗总量还会维持在较高水平，油田面临着水、电、气等能源紧缺的局面，严重地影响着大庆油田建设百年油田这一历史使命[7]。因此，能源领域的革命，也就是寻找新能源并成功应用于油田，已成为油田亟待解决的关键科学和技术问题，规模化、产业化利用太阳辐射能是可供其选择的目标之一。

太阳能蕴藏丰富，不会枯竭，并且干净、安全，同时不会威胁人类生存和破坏大气环境。大力发展太阳能等可再生能源，是培育新兴产业、推进能源多元化发展的重要战略策略，也是应对全球气候变化、保护生态环境实现经济社会可持续发展的迫切需要。全国太阳能资源丰富，在绝大部分国土面积上，年日照时数大于 2000h，年利用率高。据统计，我国每年地球表面吸收的太阳能从数量上相当于 17 万亿吨标准煤，是世界第一大能源[8-10]。我国《可再生能源法》已于 2010 年 4 月 1 日进行了颁布和实施。此外，全球京都议定书的签订，国家一系列环保政策的出台，这些都为发展和利用太阳能提供了政策保障。同时，随着原油价格的不断上涨和原油缺口形势的不断加剧，加大了我国政府对能源战略的调整力度和决心，也加大了对新能源发展的支持程度，这些都为高效产业化利用太阳能提供了机遇和机会。

总之，实现高效、低成本太阳能光热转换技术的创新，并大力发展太阳能产业(特别是工业应用)是时代赋予我们的使命，也是解决能源供需矛盾最行之有效的办法之一。

1.2　碟式太阳能聚光系统光热转换效率研究现状

碟式太阳能聚光系统由碟式镜面反射器和腔式吸热器组成，系统的光热转换效率是整个太阳能利用效率的核心和难点之处，也是系统性能指标最重要的评价因素及推广利用的关键。目前国内外学者的研究重点主要包括太阳辐射强度的动态规律、腔式吸热器形状优化、腔式吸热器的辐射热流分布特征以及光热转换效率和应用等。太阳辐射强度动态规律的研究手段主要包括数值模拟和实验测试。腔式吸热器形状优化研究手段主要是数值模拟。腔式吸热器热流密度场的研究手段也主要是数值模拟。系统光热转换效率研究手段主要包括两种：一是正平衡研究，即首先测试和计算吸热器带入和带出能量，然后根据带出能量与带入能量的比值计算吸热器的效率；二是反平衡研究，即首先测试和计算吸热器的热损失(包括光学热损失、辐射热损失、对流热损失和导热热损失等)，然后再根据能量守恒定律计算吸热器的效率。两者研究方法各有优势，具体实验和数值模拟计算中需要根据实际情况进行选取。太阳能利用主要手段为实验研究和数值模拟。

1.2.1 太阳辐射强度的研究现状

为了实现太阳能的有效利用和推广，准确计算和实验测试太阳辐射强度是一项必不可少的基础工作。考虑太阳辐射强度的周期性、低密度性和间歇性特点，碟式太阳能聚光系统的利用效率和经济性评价及应用受到了一定的限制和影响。因此，为了获取最大光热转换能量和准确优化设计太阳能蓄热系统，对太阳辐射强度的动态规律和特点进行研究非常有必要和意义。

目前关于太阳辐射强度的研究有 5 种方法：

第 1 种方法是最简单的方法，即采用日照时数来计算平均太阳辐射强度[11,12]，这也是目前国内各地区采用的一种主要方法。这种方法方便使用，但是对当地气候特征依赖严重，具有一定的局限性。

第 2 种方法是研究太阳光线的传输机理，详细考虑气体吸收率、瑞利散射和气溶胶的影响。但这种方法的使用也有限制，如采用的云层特性其实是采用平均日照时数来计算获取的，因此计算结果也会有一定的限制[13]。

　　第 3 种方法是分别计算太阳总辐射强度和散射强度，然后通过两者的差值计算太阳辐射强度（直射强度）。此方法的平均误差超过 10%，主要是由于散射辐射强度的测量很容易产生误差[14]。

　　第 4 种方法是采用卫星获取数据，精度较高。但这种方法对卫星的要求和工作强度提出了更高的要求，常规应用也具有一定的难度[15]。

　　第 5 种方法采用地面观测获取实验数据，是最准确的方法之一。因为只能测试当地准确的太阳辐射强度，例如海平面表面的太阳辐射强度[16]、青藏高原地区太阳辐射强度规律[17]、南京地区[18]、苏州地区[19] 以及长江中下游地区[20] 等，故需要建立许多地面观测站，不具有推广性。但是此方法可以用来验证理论模型的精度。

　　为了准确计算太阳能光热转换效率，太阳辐射强度是一个重要的基础参数，国外许多学者对其进行了相关的研究。2009 年，Janjai 等[21] 介绍了太阳辐射强度对太阳能系统热效率的重要作用和意义，采用卫星数据来测试泰国不同城市、不同季节的逐时太阳辐射强度，并与理论计算值进行了比较，结果显示平方根误差在 10% 以内。2009 年，Yao 等[22] 采用 HFLD 软件计算了中国首座 1MW 中央吸热器系统定日镜场布置设计和属性，建立了不同太阳辐射强度条件下太阳能镜场设计的数学模型及各部分之间的耦合关系，并基于太阳辐射强度数值模拟了日平均和年平均光电转换量。2011 年，David Barlev 等[23] 对最近几十年聚焦太阳能系统的研究成果进行了总结，包括聚焦太阳能集热器、抛物线槽式集热器、定日场集热器、线性菲涅尔透镜、抛物线碟式集热器、聚集光伏、聚焦太阳能热电技术、热能储存、能量循环以及应用等。文章指出，由于太阳能光热转化效率受到不同地区太阳辐照强度的近似日周期变化和年周期性变化规律的影响，因此在研究系统热效率的同时，针对太阳辐照强度的研究是重中之重，也是前提之一。2011 年，Wu 和 Chee[24] 介绍了几种计算太阳逐时辐射强度的计算模型，提出了一种耦合 ARMA 和 TDNN 的新计算模型，并计算了研究地区 2009 年 2 月的月平均太阳逐时辐射强度。2012 年，Su 等[25] 研究了澳门地区太阳辐照强度的日变化规律和年变化规律，并建立了理论计算模型，同时基于太阳辐射强度的研究结论给出了太阳能系统的光热转换效率规律。

近年来，国内相关高校和科研机构也有一些关于太阳辐射强度的研究成果。到目前为止，文献显示太阳辐射强度基本计算模型主要有：Hottel 模型、ASHRAE 模型、非晴天计算模型等[26]。1980年，中国科技大学的程曙霞和葛新石提出了采用非稳态卡计法原理来测试和计算太阳辐射强度，具有结构简单、价格低廉的优点，并提出需要通过研究玻璃罩对太阳散射辐射和直射辐射不同的透射特性来提高仪器的测试精度[27]。2012 年，南京理工大学的卢奇和周伟建基于 Hottel 模型数值计算了我国主要大城市太阳逐时辐射强度(晴天条件)的变化特征，并基于研究结果计算了集热器的最佳倾斜角，以获取最大的太阳辐射量[28]。2003 年，哈尔滨工业大学的吴继臣和徐刚以暖通空调设计负荷计算需求为研究背景，采用ASHRAE 模型(同布格尔公式)计算了我国主要城市冬季各月典型日水平面上的太阳散射辐射日总量和总辐射强度，得出了哈尔滨地区 2 月份典型日水平面逐时太阳辐射强度数据[29]。2007 年，安徽建筑工业学院的林媛通过实测大气透过率并采用 ASHRAE 模型推导了任意角度采光面的太阳直射辐射强度和散射辐射强度的计算公式，并且为了获取非晴天太阳辐射强度的计算模型，研究了地区云层变化对太阳辐射强度的影响，最后以安徽省合肥市为实验测试点验证了理论模型的准确性[30]。

综上所述，目前的文献主要针对太阳辐射强度值进行了相关的理论建模和实验研究。由于太阳辐射强度受纬度、当地太阳时、大气环境等多因素的影响，部分模型的应用具有一定的局限性或者精度不高，尚未形成系统的研究模式和统一的认识，因此需要针对严寒高纬度地区大气环境特征，并考虑太阳光线传输过程的物理机制尤其是气溶胶对太阳辐射强度的作用机制，开展太阳辐射强度准确特征规律的定性和定量研究。

1.2.2　腔式吸热器不同形状的研究现状

腔式吸热器的形状直接影响辐射热流的分布规律和系统总吸热

量，也关系到系统效率和使用寿命等。目前的研究主要是数值模拟和实验测试，通过研究不同形状或者特定的某一形状的腔式吸热器来研究整个系统的对流热损失及相关参数的优化，为高效利用太阳能提供技术支持。

1981 年，Clausing[31,32]首次提出了一个大立方体形腔式吸热器的对流热损失的分析模型，后来基于吸热器开口孔的面积对这个模型进行了修正，并通过实验数据来验证模型的可靠性和精度。1990年，Behnia 等[33]研究了充满非参与性流体介质的长方形腔式吸热器的混合辐射和自然对流热损失变化规律，研究结果表明吸热器外部的自然对流弱化了内部循环，但辐射却加强了工质的流动性。1993 年，Steinfeld 和 Schubnell[34]提出了对于太阳能腔式吸热器，最优的开口直径是解决最大程度吸收辐射能和最小辐射能损失的关键，并提出了一种新的简单的半经验方法解决最优开口直径的计算措施。文章最后采用蒙特卡洛方法计算了碟式太阳能腔式吸热器的形状对最优参数的影响尺度。1993 年 Balaji 和 Venkateshan[35]，1999 年 Ramesh 和 Venkateshan[36]数值研究了一个长方体的自然对流和表面辐射的混合属性特征，并进行了相关的实验。研究结果表明表面辐射对于系统的自然对流有压制作用，因此减少了系统的效率。2006 年，哈尔滨工业大学的孙加滢[37]数值研究了球形、圆锥形等几种不同形状的腔式吸热器对热流密度分布和温度场分布规律的影响，研究表明不同形状的腔体对热效率没有影响，但对能流密度分布有影响。2008 年，Shuai 等[38]采用蒙特卡洛法并耦合光学属性来预测碟式太阳能聚光系统腔式吸热器的辐射属性。文章研究了太阳形状和表面倾斜误差的影响并介绍了相应的概率计算模型，并基于等量热流概念，根据焦面热流的方向理论提出了一个倒置梨形截顶腔式吸热器。2009 年，上海交通大学的翟辉[39]理论设计和制造四种腔体吸收器，分别为半圆形、圆弧形、三角形和四方形，并以电加热模拟真实太阳进行了光学效率实验。该研究结果表明：三角形腔体吸收器光学效率 99%，当腔体开口宽度一定时，三角形腔体吸收器的光学效率随相对口径的增加而增大；半圆形腔体吸收器由于换热面积最小，具有最好的热效率，三角形其次；当入口温度在90℃时，热效率94%。2010年，Wu等[40]详细介绍了相关工程中可能涉及的各种各样不同形状的腔式吸热器的特征和属性，并重点就将来的发展方向和可能研究的问题提出了建议，同时总结了目前关于太阳能腔式吸热器形状的研究成果。

综上所述，文献研究成果显示了腔式吸热器的形状直接影响系统效率而且具有重要的研究意义，目前主要是针对给定太阳辐射强度条件下，对具体的腔式吸热器形状开展实验和数值模拟研究，而不同太阳辐射强度、不同碟式聚光系统对光线传输特性多因素影响条件下的腔式吸热器形状研究尚未开展。

1.2.3 腔式吸热器热流密度场分布规律研究现状

太阳能聚光系统焦面热流分布规律和腔式吸热器内表面热流密度场的分布情况是反映太阳能聚光系统的聚集品质的重要特征。因此，热流密度场分布规律的研究对聚集和吸收技术的创新具有重要的指导意义。当前的主要研究内容分为焦面热流和腔式吸热器内表面热流。焦面热流分布直接体现了聚光系统的光线聚集品质，对于进入腔式吸热器内的太阳光线方向和数量以及腔式吸热器的开口半径等都具有重要影响。腔式吸热器表面热流的分布规律对于吸热器防止局部过热、延长使用寿命以及系统获得最大辐射热流尤为重要。现有的研究手段主要为数值模拟和实验测试。

1. 碟式聚光系统焦面热流分布规律研究现状

1984年，宁夏技术物理所的马惠民等[41]针对目前对聚光集热器没有统一的测量标准，提出采用六项指标来评价聚光器性能，并通过焦面能量密度分析对这六项指标进行测定。这六项指标分别为：用标称功率、标称最高温度、平均温度、光机效率、镜面平均贡献及聚光度。研究结果认为本书这种焦面能量分析法能直接测出聚光器焦平面上的能量密度分布而不受任何不确定因素的影响，是比较理想的测试聚光器主要性能指标方法。

2007年，哈尔滨工业大学的帅永等[42]结合碟式太阳能聚光系统的光学传输特性，同时考虑了太阳光线不平行度、系统焦面误差以及跟踪指向误差等多方面误差因素，基于蒙特卡洛法对多碟抛物面太阳能聚光系统的焦面热流分布特性进行了数值模拟计算，获得了在相同口径和相同焦距条件下系统的边缘角对焦面热流分布的影响程度，为今后碟式聚光太阳能系统的优化设计和安装维修提供指导意见。

2012 年，南京航空航天大学的王磊磊等[43]基于蒙特卡洛光线跟踪法及光线的镜面反射定律，采用数值模拟的方法分析了指向误差、焦面位置误差等对新型太阳能聚焦器焦面光斑形状及热流分布规律的影响。研究结果显示焦面位置误差绝对值越大，焦面光斑半径越大，焦面热流峰值越小；焦面误差绝对值相同时，焦面光斑形状及热流分布几乎一样；指向误差越大，光斑越偏离焦面中心，并且光斑由圆形逐渐演变成椭圆形，光斑长短径之比越大。

2012 年，哈尔滨工业大学的王富强[44]基于直接热流密度场测量法对碟式太阳能聚光系统焦平面处的热流密度场进行了测量和研究，实验设计了不同的焦点测试位置，并编制了计算程序来实现相关参数的数值模拟，最后将两者结果进行了对比分析，找出了数值模拟的最佳参数组合。同时，研究碟式聚光系统不同反射镜数目及镜面反射率的变化对焦面热流密度场分布的影响。

综上所述，在碟式太阳能聚光系统焦面热流测试及数值模拟过程中，由于热流密度传感器的工作温度高、制造成本高以及太阳辐照强度的不稳定性等因素，影响了焦面热流场的分布规律研究，制约了后续光热转换效率的研究需要。因此，基于蒙特卡洛法从光线传输特性出发，考虑碟式太阳能聚光系统的光线聚集特性，系统地开展焦面热流分布特征规律的研究很有必要。

2. 腔式吸热器表面热流密度场研究现状

太阳能腔式吸热器表面热流分布规律是太阳能高效光热转换的重要参数和指标，也是国内外学者研究的关键热点和难点问题之一。目前主要的研究手段是数值模拟，实验研究相对较少，这主要是因为碟式太阳能聚光系统聚光比较高，稳定性较差，实验台搭建比较困难，成本高，并且实验测试的难度较大。

传统用来设计和模拟太阳能腔式吸热器热流密度分布规律的程序最早起源于 20 世纪 80 年代，例如 1976 年 Vittitoe 和 Biggs 编写的 HELIOS[45]，1986 年 Ratzel 等编写的 CIRCE[46]，1979 年 Leary and Hankins 编写的 MIRVAL[47]，这些程序几乎都是基于 FORTRAN 语言且大多数程序的理念和结构既不模块化也不能友好使用，因此推广使用起来会有困难。1979 年，Daly 等[48]基于反向射线追踪法来研究抛物线和圆柱形太阳能集热器能流密度的分布规律，文章研究特点是以吸热器表面任意一点发射光线反向传输给聚集器，然后再传向太阳。文章同时基于吸热器表面的热流反向研究了各种聚集器镜面的热流计算模型，为后续的研究奠定了基础。1986 年，Jeter[49]以一个理想化抛物线聚热器为研究对象，计算了热流分布规律的内部联系，并且考虑了焦面处的能流密度分布数值大小，但忽略了聚能的方向属性和特征的影响。1994 年，Sootha 和 Negi[50]设计了两种不同的光学聚光集热器，分析了局部聚光比，考虑了真实太阳辐射的均匀和非均匀特性，并采用射线踪迹法研究了两种不同线性菲涅尔发射器的光学设计特征和太阳辐射聚光特性。1998 年，Spirk 等[51]采用蒙特卡洛方法研究了高纬度地区不对称定日镜场的反射器聚光在圆形吸热管的非轴对称辐射能特性，研究对象为南北朝向的反射器，结果显示一种倾斜的圆锥反射器可能更适合这种定日镜场。2007 年，Pancotti 等[52]提出了一种平板镜面集热器的射线踪迹法的最优反演法，建立了相应的模型来获得吸热管的热流分布特征规律。

2010 年，Wang 和 Siddiqui[53]通过数值模拟方法研究了一个以氩气作为工作流体的抛物线碟式吸热器的热流场和温度场属性，吸热器的形状为圆柱形，其直径是 0.2m，高度是 0.3m，介质进出口的结构形状为矩形。文章研究的主要内容包括太阳能吸热器的孔径、进出口结构和抛物线碟式系统的边缘角等对辐射热流或温度场影响，结果显示孔径和不同进出口结构对吸热器壁面温度和气体温度有很大影响，而抛物线碟边缘角的影响基本可以忽略。为了简化难度，文章在数值模拟过程中将太阳辐射强度作为边界条件时假想为均匀热流，忽略了热流分布的非规则性，图 1-1 为数值模拟过程中碟式太阳能系统的示意图，图 1-2 显示了孔径和进出口结构对温度场分布规律的影响结果。

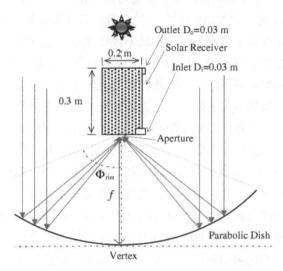

图 1-1 碟式太阳能系统示意图

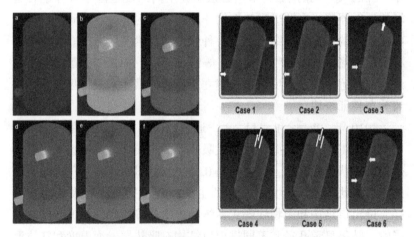

图 1-2 孔径和进出口结构对温度场的影响

1981 年，Diessner 等[54]为了研究吸热器的热流分布规律特征，在位于西班牙的塔式太阳能热动力发电站系统中实际安装了高热流密度检测装置并进行了相关实验。实验过程中的高温热流密度传感器采用的型号是"Hycal Engineering",这也是目前最普遍测量热流密度的仪器,具有操作简捷、方便的特点。2010 年,Riveros-Rosas 和 Herrera-Vázquez[55]设计了一种新型高辐射热流集热器方法,获得的最大辐射能为 30kW。文章研究考虑了聚焦辐射能分布、经济性以及其他一些实际应用条件的影响。2011 年,Li 等[56]综述了所有采用蒙特卡洛方法研究热流分布文章的结果,并对基于蒙特卡洛方法思想得到的计算值与实验值进行比较来验证蒙特卡洛方法的可靠性和准确性。文章研究过程是采用 6 个或 12 个氙弧灯与真实太阳的光线进行比较,研究结果表明采用 12 个氙弧灯相对于 6 个氙弧灯来说更加接近真实太阳,可以用来代替真实太阳进行辐射热流实验。2011 年,Lovegrove 等[57]介绍了澳大利亚国立大学新建立的一个 500m² 抛物线碟式太阳能系统,重点介绍了该系统设计、建设的具体过程以及前期该校 400m² 抛物线碟式太阳能系统的一些基础实验结果,提出了两者之间的差别以及新实验台的优势。2011 年,Jorge 和 Oliveira[58]采用射线追踪方法和 CFD 模拟软件分析计算和优化了线性菲涅尔太阳能集热器新的梯形腔式吸热器的结构和传热系数以获取辐射热流量,重点是以梯形腔式吸热器结构为研究对象。

1.2.4 光热转换效率研究现状

碟式太阳能聚光系统光热转换效率是整个太阳能利用效率的核心和难点之处,也是系统性能指标的最重要的评价因素,直接关系到太阳能能否实现热利用,目前也是国内外学者研究的重点之一。研究手段主要包括两种:第一,正平衡研究,即首先测试和计算吸热器带入和带出能量,然后根据带出能量与带入能量的比值计算吸热器的效率;第二,反平衡研究,即首先测试和计算吸热器的热损失(包括光学热损失、辐射热损失、对流热损失和导热热损失等),然后在根据能量守恒定律计算吸热器的效率。两者研究方法各有优势,正向测试和数值模拟计算是最准确的方法,可以直接计算光热转换效率。但是目前的研究成果显示反向测试研究方法较多,这主要是由于碟式系统设计、安装等过程中技术含量要求高,系统较为庞大，搭建实验台比较困难，并且数值计算过程中涉及光热多场耦合的复杂性，因此现有的做法是采用替代光源代替真实太阳进行各种工况下热损失影响因素研究，并获取相应的无量纲准则数。这种方法由于实验数据来源和数值计算结果都是针对特定对象得出的规律，因而在推广中具有一定的局限性。因此，系统地开展光热转换效率的数值模拟和实验研究很有必要。

1. 各种热损失研究现状

太阳能腔式吸热器的各种热损失（包括光学热损失、辐射热损失、对流热损失和导热热损失等）是影响其效率的直接因素。针对导热损失的研究技术已经比较成熟，并且导热损失通常只占总热损失的很小部分。目前的研究热点集中在对流热损失，通过实验和数值模拟提出新的 Nu 计算关联式，为推广应用提供指导。研究手段包括通过数值模拟和实验测试两方面。

2004 年，Taumoefolau 等[59]为了研究腔式吸热器的对流热损失，采用了一个电加热模型的吸热器用来进行相关实验研究，实验过程中吸热器的倾斜角变化范围为−90°～90°，实验温度变化范围为 450～650℃，孔径与腔直径的比值分别为 0.5、0.6、0.75、0.85、1.0。为了测试整个系统热损失，使用图像技术实现腔外空气流动形态的可视化。研究结果发现，在孔附近区域内的数值模拟流型和纹影图像吻合得较好。2004 年，Reynolds 等[60]搭建了一套实验设备来研究梯形腔在复杂边界条件下的传热特性，重点是吸收体和腔的布置，其目的是优化腔的设计以便获得最大的热效率，研究结果显示理论计算传热量和实验传热量之间也得到了非常合理的吻合。2008 年，Muftuoglu 和 Bilgen[61]以一个倾斜长方形吸热腔为研究对象，侧壁面正对于聚焦太阳能辐射的状态下而其他面却保持恒温，通过有限元控制体积数值方法来求解连续性方程、动量方程和能量方程，结果表明 Nu 准则数是随着瑞利数、体型比、倾斜角增加的函数关系。同时，文章基于计算结果理论推导了一种新的 Nu 关联式。2008 年和 2009 年，Reddy 等[62-64]定义了太阳能碟式集热器的三种不同形状的腔（腔式吸热器、半腔、修正腔），建立了太阳能碟式系统修正腔的三维数值模型来准确计算自然对流热损失，并对二维和三维自然对流热损失进行了比较分析。结果显示二维和三维模型只是在高倾斜角(60°~90°)时可以比较。同时文章对三维数学模型与其他学者报道的比较著名的模型进行了对比分析，结果表明了文章提出的三维数学模型能够更准确地计算太阳能碟式系统聚热器的热损失。2009年和2010年，Prakash等[65,66]对腔式吸热器稳态对流热损失进行了详细的实验和数值模拟研究，结果发现实验和数值计算的对流热损失值吻合较好，其最大偏差为14%左右。文章同时研究了在两个不同风速和不同风向情况下外部风对对流热损失的影响程度，研究表明有风条件下的对流热损失在各种倾斜角时一般比无风条件下要高(风速为1m/s时高22%~75%，风速为3m/s时高30%~140%)。文章最后提出了Nu关联式并与现有文献中的关联式进行了对比分析，结果发现现有文献中的关联式都不能预测平均吸热器温度在100~300℃时的对流热损失，这主要是由于这些关联式都是在特定的几何形状下提出的，其孔径与吸热器直径之比都是小于或者等于1。

2010年，Li等[67]提出了一个100kWt熔盐球形稳态腔式吸热器的热力模型。在设计过程中，分析了下面的这些因素：吸热器面积、热损失(对流、发射、反射和导热)、吸热器平板管子的数量、管径和吸热器表面温度。结果表明各种类型热损失所占比例随着吸热器面积的变化而比变化，但是对流、反射和发射热损失占总热损失的绝大部分，导热损失只占2%以下，基本可以忽略。2010年，Singh等[68]实验研究了长方形和圆形管的梯形腔式吸热器总热损失系数，同时进行了实验关联式的预测计算，最后把两者计算结果进行了对比分析，结果表明实验值和采用关联式计算值之间的误差在10%以内，满足应用需要。2010年，Tao等[69]建立了槽式太阳能系统集热器自然对流、强制对流、热传导和流固耦合等传热过程的二维模型，研究了瑞利数、管子直径比、吸热器管壁的导热系数对传热和流场的影响。2011年，Singh和Eames[70]研究发现腔体的自然对流传热是腔体形状、高径比、腔体壁面边界条件和封闭体内流体属性等这些参数的复杂函数关系。文章认为目前大量的研究集中在规则形状，比如长方形、正方形或者圆柱形，但是把这些规则形状研究的关联式推广应用到复杂形状是不科学的，其结果也是不正确的。2011 年，Fang 等[71]针对太阳能塔式系统的立方体形吸热器进行了热流场和温度场模拟。文章研究了不同风向和不同风速的变化对吸热器管壁温度和热损失的影响，采用蒙特卡洛法用来计算辐射问题，Fluent 流体计算软件用来计算对流问题，计算过程中采用的模型和算法是湍流模型和 SIMPLE 算法。图 1-3 显示了腔式吸热器示意图和温度场分布图。文章研究结果表明了风向和风速对吸热器热损失影响较大。

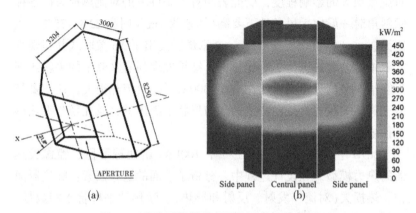

图 1-3　腔式吸热器示意图和温度场分布图

近年来，随着中国经济的发展及对能源的需求，华南理工大学、中国科学院电工研究所、西安交通大学、哈尔滨工业大学、西北工业大学、中国科技大学、中国科学院工程热物理研究所等国内高校和科研院所对碟式抛物线太阳能集热系统不同腔体形状、腔内热流分布规律(包括温度场)、吸热器的对流热损失等进行了相关研究。

1999 年，中国科技大学的翁乔力等[72]对腔体吸收器热流分布及腔体进行了研究，提出了管、壁相联和以热镜为腔体窗的新型腔体吸收器，腔体吸收器截面为圆形结构。文章设计了腔体式吸收器耦合槽型抛物镜的太阳能集热器系统并实验测试了其热效率，聚光比为 40，吸收器开口宽度为 10cm。研究所采用的相关参数为：腔体内表面吸收率为 0.5，腔体窗的透射率为 0.78，反射镜面的反射率为 0.6。数值模拟计算结果显示，对于温度高于 130℃ 的中高温太阳能聚光系统，腔式吸收器的热性能属性相对于真空管吸热器的性能属性要好。

2009 年，西安交通大学的何雅玲等[73-75]以槽式太阳能热发电系统为研究对象，开展了热性能方面的一系列研究。基于 250kW 槽式太阳能热发电系统集热器，耦合吸热器最佳口径比，设计和计算了多种不同的结构参数的集热器，然后对不同集热器结构以及不同位置影响下的管外混合对流换热热损失进行了数值模拟。文章的基本思想是基于蒙特卡洛法（MCM）首先模拟抛物槽式系统聚光特征，并获取吸收管表面热流密度分布规律，然后将计算结果通过相应的数据传递子程序作为边界条件传送给 Fluent 软件，最终实现计算流体与辐射、对流换热的有限容积法的耦合，同时可以实现吸热管内对流换热特性的研究和探索。文章的数值模拟重点考虑了传热工质的热物性随温度的变化规律和吸收管外壁的辐射换热量。基于此研究思路，文章数值模拟了接收管内传热介质不同入口流速与不同流量以及变物性对流体对流换热的影响。

哈尔滨工业大学工程热物理所在太阳能高效光热转换及光热利用等方面进行了相关的研究。2006 年，杜胜华等[76]基于碟式太阳能聚光系统，采用蒙特卡洛法研究了太阳光线系统误差和不平行度对碟式系统聚光特性的影响规律。2006 年，帅永等[77,78]应用 MCM 求解思想，在考虑各种误差的基础下，对碟式抛物线太阳能聚光系统的辐射属性进行了数值模拟研究，研究结果表明吸热器壁面热流分布是非均匀的。2009 年，袁远等[79]应用 MCM 对太阳能聚光系统中一种轮胎形吸热器的焦平面能流分布特征进行了数值模拟，文章研究了入射面积的变化对焦面处的热流分布变化的影响程度，同时也考虑了不同误差影响条件下，系统焦面热流分布规律的变化特征。2010 年，戴贵龙等[80]采用蒙特卡洛射线踪迹法结合谱带模型计算谱带辐射转递因子，分析了石英窗口高温吸热器的热转换特性及吸热腔非均匀温度场的热影响特征。2011 年，王富强等[81]采用 FLUENT 计算软件数值模拟了太阳能吸热器和内部流体的温度场及流体的速度场分布，并进行了热力耦合计算。

2009 年，华南理工大学廖葵等[82]建立了吸热器的物理模型、数学模型，入射强度模型，分析了吸热器的温度分布。文章研究比较了圆柱形、圆锥形、椭圆形、球形及复合圆锥形 5 种不同结构吸热器的温度场。数值研究结果表明：球形吸热器最适合用于太阳能热力发电系统。2010 年，西安交通大学贾培英等[83]对腔式吸热器的整体结构和吸热面进行了设计研究，通过采用改进的蒙特卡洛法与对流换热耦合的方法数值模拟了腔体内部热流密度分布规律，分析了吸热管束内部气液两相流的流量、温度以及管壁表面温度等参数的变化规律，从而对不同位置的换热系数进行预测。文章比较全面地认识了吸热器整体性能。2010 年，中国科学院李铁等[84]给出了一种太阳能斯特林机用新型吸热器的结构设计、工作原理以及特定边界条件下的数值模拟结果。结果表明，该吸热器在工作时周向壁面的温度场分布较均匀，整体温度低，出口处工质的温度较高，具有较好的加热效果。

表 1-1 显示了目前圆柱形腔式吸热器热损失无量纲数准则数的主要研究成果[40]。

表 1-1　圆柱形腔式吸热器热损失无量纲数的研究成果总结

模型	Nu 关联式	使用范围
Koenig (1981)	$\mathrm{Nu} = 0.52 P(\varphi) l_c^{1.75} (\mathrm{Gr} \cdot \mathrm{Pr})^{1/4}$	550~900℃
Stine (1989)	$\mathrm{Nu} = 0.088\, \mathrm{Gr}^{0.333} (T_w/T_\infty)^{0.18} (\cos\varphi)^{2.47} (D_{ap}/L_c)^8$	显示模型
Modified Stine (1995)	$\mathrm{Nu} = 0.0176\, \mathrm{Gr}^{0.333} (T_w/T_\infty)^{0.18}$ $\times (4.256 A_{ap}/A_{cav})^s \mathrm{h}(\varphi, \varphi_{max}, \varphi_{stag})$	
Lovegrove (2003)	$\mathrm{Nu} = 0.004\, \mathrm{Ra}^{0.44} (D_{ap}/D_{cav})^{0.03} \mathrm{Pr}^{0.25}$	
Paitoonsurikarn (2003)	$\mathrm{Nu} = c\, \mathrm{Ra}^n$	

16

续表

模型	Nu 关联式	使用范围
Paitoonsurikarn（2004）	$Nu = c\,Ra^{n}$	AR<2 有效
Paitoonsurikarn（2006a）	$Nu = 0.0196\,Ra^{0.41}\,Pr^{0.13}$	更简单
Prakash（2009）	$Nu = 0.21\,Gr^{0.333}\,(1 + \cos\varphi)^{3.02}\,(T_w/T_\infty)^{-1.5}$ $Nu = 0.246\,Gr^{0.333}\,(1 + \cos\varphi)^{2.03}\,(T_w/T_\infty)^{-0.58}$	非均匀壁面温度

2. 光热转换效率研究现状

太阳能腔式吸热器光热转换效率目前主要的研究手段为实验测试。具体步骤为：首先通过对特定的实验系统进行相关参数测试，包括太阳辐射强度、腔式吸热器热流分布以及镜场布置特征等，然后根据理论模型计算系统的热效率。

2002 年，挪威奥斯陆大学的 Henden 等[85]针对两种不同的太阳能吸热器进行了效率实验测试研究。研究结果显示，吸热器的面积为 $30\sim100m^2$ 的条件下吸热器的效率在 22%~45%变化。

2012 年，印度理工学院的 Panwar 等[86]以抛物线碟式太阳能系统加热热水为研究对象，对系统的进出口能量进行了实验测试，并以此为基础，计算了该系统的热效率。研究结果表明，抛物线碟式太阳能系统的最大热效率为 32.97%，出现在上午 10:30。

2013 年，印度理工学院的 Reddy 等[87]发表了碟式太阳能系统研究的最新成果，认为太阳能抛物线碟式集热器是所有聚焦太阳能系统中最重要和最有效的技术手段之一。抛物线碟式太阳能系统的设计和位置将直接影响系统输出能量的大小。他们以全印度 58 个位置测试数据为基础，建立了输出能量与朝向(东西、南北)、纬度、运行时间之间的函数关系。

此外，除了实验研究腔式吸热器的光热转换效率外，关于碟式太阳能聚光系统还有其他一些研究，主要包括：腔体材料选择[88]、系统经济性和安全性以及太阳能蓄热技术发展和应用等[89-92]、采用纳米流体作为传热介质等[93-94]。

1.3　太阳能在油田中的利用现状

太阳能的利用一般来说可以分为4类[95,96]：

第一类，光热利用，主要是把太阳的辐射能量收集起来，然后与物质进行相互作用并转换成热能加以利用。现有的太阳能收集装置主要有聚焦集热器、真空管集热器、平板型集热器3种。按照温度和用途可以分为高温（>800℃）利用、中温（200～800℃）利用以及低温（<200℃）利用。高温太阳炉等属于典型的高温利用；碟式太阳能聚光系统等属于中温利用；太阳房、太阳能干燥器、太阳能热水器等则属于低温利用。在这些利用中，太阳能光热利用是最成熟的技术，特别是塔式和槽式光热（或者光电）目前已经进入商业化市场运行阶段[97-99]，而碟式目前还停留在实验和小型产业化阶段，相关的研究成果已见报道[100-103]。

第二类，太阳能光电利用，其中光电利用又分为两种：光—热—电转换和直接光—电转换，两种方式不同，效率也不同。

第三类，光化利用，主要是应用太阳能实现化学反应或者是直接制氢的方式。

第四类，光生物利用，主要是通过自然界的光合作用实现太阳辐射能转换成为植物的生物质能的转换过程。

太阳能由于具有其他常规能源和可再生能源无可比拟的优点，目前已经在海水淡化[104-105]、建筑[106-110]、农村地区利用[111-114]、制冷系统利用[115-117]以及其他方面得到了全面应用[118-120]，但是利用效率比较低，或者热损失数量比较大，并且在能耗密集型企业如油田的应用相对较少。从理论上，太阳能应用到油田具有可行性且能产生巨大的社会经济效益。目前太阳能加热原油有两种方式，一种是直接加热原油，这种系统效率比较高，但是存在系统不稳定，而且由于原油黏度较高容易产生结焦现象并引起安全问题和原油受阻等，因此通常需要的动力能耗较高并且安全责任较大；另一种是采用间接方式，这种系统效率比较低，这是因为需要通过水作为热媒，存在二次传热过程，热损失相对较大，但是系统运行稳定、安全，可行性高。下面详细介绍太阳能在油田利用的研究现状。

1998 年，Badran 和 Hamdan[121]研究了基于平板集热器加热燃料油的实验和理论计算，实验中需要将原油温度从 40℃提高到 90℃。实验完成了两种方式的性能对比，一种是采用平板集热器加热热水，另一种是直接加热原油。研究结果表明，理论计算和实验测试值之间的误差在 5%以内。2003 年，Kamil 和 Ahmet[122]介绍了土耳其可再生能源的潜力和应用，文章特别研究了 2000 年、2005 年、2010 年土耳其石油产量和消耗量，提出了包括太阳能在内的可再生能源应用的必要性和可行性。2006 年，Alexander 等[123]针对一个具体的锅炉，对采用太阳能代替燃料后的效率和经济性进行对比分析，给出了系统效率的月平均变化规律和月平均能耗损失量。

2004 年，上海交通大学的王学生等[124]以辽河油田利用太阳能为研究背景，根据原油加热输送工艺特点和实际情况，设计了一套太阳能加热原油输送系统。文章介绍了系统的设计原理和性能指标，结果表明，设计的系统可以将原油的温度提高 25~30℃。2004年，辽河油田的贾庆仲[125]以辽河油田兴隆台采油厂为研究背景，结合辽宁省盘锦地区的气候条件分析了太阳能应用的可行性和初步方案的设计。2005 年，华南理工大学的陈渝广等[126]针对油田能耗较大的情况，设计和完成了原油集输系统采用太阳能加热的节能系统。文章主要介绍了相关的控制系统结构和工作原理，研究结果表明，系统采用太阳能后节能效果显著，实际节气率超过了 40%。2006 年，华东理工大学的朱明等[127]为了减少原油输送过程中需要的热能能耗，对 3 种常用的太阳能集热器(分别是平板太阳能集热器、全玻璃真空集热管以及热管式真空集热管)间接加热输送原油的性能进行了分析与对比，研究结果表明热管式集热器的热效率高、抗冻能力强、保温好、启动快、技术综合经济性好。2007 年，中国石油秦京输油气分公司的常光宇等[128]根据秦京输油管线能耗统计，理论研究采用 3000m² 的太阳能聚集器代替加热炉的燃料，同时理论设计了抛物线碟的数学模型，并基于研究过程和实际工程，获取了采用太阳能替代常规加热炉的经济性。2007 年，广州科技贸易职业学院的黄健和谭咏梅[129]针对太阳能加热原油系统设计了一套控制系统，理论实现了自动控制与手动控制的联合应用。2009 年，东北石油大学的刘晓燕等[130]针对大庆油田的集输系统工艺特点和大庆地区太阳辐射强度量，设计了一套联合站应用太阳能加热原油的系统，研究结果显示通过理论设计的系统可以将原油温度提高 25~30℃。2010 年，黑龙江八一农垦大学的郭敬红[131]以大庆油田为研究背景，设计了一套采用太阳能加热原油的系统，并进行了理论计算，研究表明该系统的节能效果能够为大庆油田的节能减排工作提供一种新的方式。2011 年，中国石油大学的侯磊等[132]介绍了太阳能在国内外油田利用的研究现状，重点包括各组成部分和原理，同时分析了目前存在的问题，并提出了具体的解决措施和方法。2011 年，长江大学的尹松[133]基于太阳能加热原油的背景，建立了太阳能加热原油储罐加热系统的数学模型，利用 FLUENT 流体计算软件进行了温度场数值模拟，结果表明水温分布产生不均匀性并提供流动动力。2012 年，常州大学的裴俊峰[134]为了减少能源浪费和减少环境污染，设计了以太阳能和热泵技术为基础的联合系统来加热原油，结果表明该系统的制热温度达 75℃，制热系数为 3.5，具有明显的经济效益。2012 年，中国石油大学的高丽[135]以江苏油田为研究背景，针对能耗过高的现状和太阳能充足的有利条件，在油田现场进行了太阳能加热储罐原油的流程和实验，结果表明经过现场实验，确定了 30 组真空管集热器，节能效果明显。2012 年，长庆油田的杨会丰等[136]针对长庆油田采油三厂集输工艺，建立了橇装式太阳能辅助原油加热装置，并进行了实验研究，结果表明原油温度能够有效维持在 44~53℃，太阳能替代了传统能源的 65%，实现了节能减排的目标。2012 年，中国石油集团工程设计有限责任公司青海分公司的艾利兵[137]以青海油田为研究背景，根据实际使用的单井罐理论计算了太阳能集热器和换热盘管面积，研究结果能为工程设计提供参考。

综上所述，从现有文献来看，已经开展了一些太阳能在油田应用方面的研究，但是考虑到太阳能光热转换过程中复杂的热辐射-

对流耦合传热过程以及系统效率等因素，关于碟式太阳能聚光系统在油田的应用尚未见到相关报道。

1.4　主要研究内容

本书以严寒高纬度地区碟式太阳能聚光系统高效光热转换及利用为应用背景，结合油田工程实际对太阳能利用发展的技术需求，对碟式太阳能聚光系统太阳辐射强度、腔式吸热器的优化设计、腔式吸热器热流密度场分布规律、太阳能光热转换效率及应用等核心技术的关键基础科学问题开展研究。主要研究内容包括以下四个方面：

（1）基于气溶胶修正因子的太阳辐射强度的理论计算和实验测试研究。

（2）太阳能腔式吸热器优化设计研究。

（3）太阳能腔式吸热器辐射特性数值模拟研究。

（4）碟式太阳能聚光系统光热转换效率数值模拟和实验测试，并基于研究结果进行太阳能在油田工程中的理论应用研究。

本书各章研究内容之间的关系如图 1-4 所示。

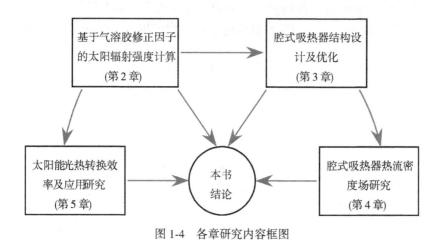

图 1-4　各章研究内容框图

第2章 基于气溶胶修正因子的
太阳辐射强度计算

　　地球表面太阳辐照方向的间歇性、动态性、多变性以及云雨风沙等不同区域的各种气象条件，影响了地面辐射强度的非均匀变化特征。太阳辐射强度是影响太阳能光热利用的直接参数，辐射强度越大，光热转换能量越多，反之太阳辐射强度越小，光热转换能量越少。因此准确建立太阳辐射强度的计算模型并通过实验验证很有必要。根据研究现状可以看出太阳辐射强度的影响因素比较多，具体见图2-1。现有的理论模型，比如经典的 Hottel 理论模型考虑了地理位置的经度和纬度，海拔高度，计算时刻，计算季节，云层、水、二氧化碳等吸收性气体。但是随着生活环境的日益恶化和人类对环境高品质的追求，PM2.5、雾霾等气溶胶的研究显得尤为重要，而气溶胶由于自身的复杂特性(包括成因、分布特征和种类等)对太阳辐射强度的影响目前尚未见到相关报道。因此，本章在

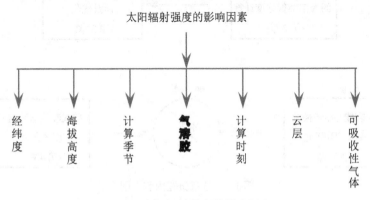

图 2-1　太阳辐射强度的影响因素

考虑严寒高纬度地区气溶胶特征(几何特性和辐射特征)的基础上，建立哈尔滨地区太阳逐时辐射强度的理论计算模型，并通过实验测试验证理论模型的可靠性(注：考虑到碟式太阳能聚光系统利用的是太阳直射强度，因此本书中太阳辐射强度均指直射强度)。

2.1 太阳辐射强度计算的理论模型

太阳辐射强度的年周期性变化是太阳能光热利用中最基本、最重要的参数指标，直接影响碟式太阳能聚光系统的光线聚集品质和能量转换效率。因此，太阳辐射强度的准确计算对于完成高品质太阳能聚光和高效光热转换具有重要意义。

本节结合哈尔滨地区的地理特征，基于 Hottel 理论计算模型[26]，建立哈尔滨地区的逐时太阳辐射强度。

地球中心和太阳中心的连线与地球赤道平面的夹角称为太阳赤纬角 δ，变化范围通常为 $\pm23°27'$，计算公式为：

$$\delta = 23.45°\sin\left(3.1415 \times 2 \times \frac{284 + n}{365}\right) \tag{2-1}$$

式中，n 为从元旦开始起至计算日期的天数。

在太阳辐射强度计算中，涉及的计算参数是太阳时，即太阳正好通过当地子午线的时刻。当地太阳时与标准时间的转换公式为：

$$\zeta = T + \frac{e}{60} - \frac{4 \times (120 - E)}{60} \tag{2-2}$$

式中，ζ 为太阳时(小时)；T 为标准时间，也就是钟表显示时间(小时)；E 为当地经度(°)；e 为地球绕太阳公转时运动和转速变化而产生的时差(分)，其计算方法为：$e = 9.87\sin 2b - 7.53\cos b - 1.5\sin b$(式中 b 为参数，由 $b = 3.1415 \times 2 \times \frac{n - 81}{364}$ 确定)。

为了将太阳时用于计算太阳逐时辐射强度，通常需要将太阳时转化为太阳时角 w 表示，其计算方法如下：

$$w = 15(\zeta - 12.0) \tag{2-3}$$

根据 Hottel 理论计算模型，需要计算太阳天顶角 α，按照如下公式计算[26]：

$$\alpha = \arccos[\sin\delta\sin\varphi + \cos\delta\cos\varphi\cos w] \tag{2-4}$$

式中，φ 为当地纬度(°)。

在计算太阳辐射强度时，通常是先计算大气层外的太阳辐射强度，然后再乘以相关系数(直射比和散射比)进行求解。大气外的太阳辐射强度 g 计算如下：

$$g = I_c \times \left[1.0 + 0.033 \times \cos\left(2 \times 3.1415 \times \frac{n}{365}\right)\right] \times \cos\alpha \tag{2-5}$$

式中，I_c 为太阳辐射常数，取 $1353\mathrm{W/m^2}$。

太阳光线到达地表面的瞬时总辐射量 I 包括散射辐射量 I_{sh}(本书中不考虑)和直射辐射量 I_{zs}。其计算公式分别为：

$$I_{zs} = g \times 1.03 \times [0.4237 - 0.00821 \times (6 - h)^2] + g \times 1.01 \times$$

$$\left\{[0.5055 - 0.00595 \times (6.5 - h)^2]\right.$$

$$\left.\times \exp\left[-\frac{0.2711 - 0.01858 \times (2.5 - h)^2}{\cos\alpha}\right]\right\} \tag{2-6}$$

式中，h 为当地海拔高度(km)。

$$I_{sh} = 0.271g - 0.293I_{zs} \tag{2-7}$$

$$I = k(I_{sh} + I_{zs}) \tag{2-8}$$

式中，k 为气象条件系数(包含云层、可吸收性气体等气象条件影响系数)。

2.2　气溶胶修正因子

随着国内局部地区出现的沙尘、雾霾等恶劣天气，严重影响人类正常的生活，气溶胶对环境和大气辐射平衡的影响逐渐凸显。通过上述太阳辐射强度的理论计算模型可以看出，目前的太阳辐射强度计算中尚未考虑气溶胶的影响。本节的研究思路：首先给出大气气溶胶辐射特性及理论计算模型；然后基于地面观测站的数据、气溶胶粒子分布特性和气溶胶光谱光学厚度等，并结合 Mie 经典散射理论(局限单粒子)和粒子系的辐射特性计算光谱衰减系数；接着提出太阳辐射强度计算中的气溶胶修正因子概念，并通过普朗克模型、罗斯兰德模型和普朗克-罗斯兰德模型求解气溶胶修正因子；最后基于计算结果给出实际应用中的判定方法，为实现太阳辐射强度的计算及高效利用太阳能提供准确基础参数。

2.2.1 大气气溶胶辐射特性

通常将悬浮在大气中的固态粒子或较小液态物质称为大气气溶胶，其直径范围一般为 $10^{-3} \sim 10^{2} \mu m$，其中粒径为 $0.1 \sim 10 \mu m$ 的气溶胶粒子更容易产生辐射强迫效应(即对辐射的影响)[138]。显然，不同地区的大气环境由于具有不同的特征会有不同的气溶胶特性，而气溶胶是大气辐射平衡的重要指标之一，直接影响地面太阳辐射强度的数值大小。目前关于气溶胶的相关特性研究已经取得了一定的研究成果[139-146]，但是关于气溶胶对太阳辐射强度的影响及在太阳能光热利用中的特征规律研究尚未开展。

图 2-2 显示了气溶胶在大气层中的物理模型，相关参数定义为：地球大气层外波长为 λ 的光谱辐射强度为 $I_{\lambda, 0}$，介质层厚度为 L，大气层(含粒子介质)的光谱衰减系数为 $\kappa_{e, \lambda}$，经过大气层衰减后，地面观测获得的太阳能光谱辐射强度 $I_{\lambda, L}$ 为：

$$I_{\lambda, L} = I_{\lambda, 0} \exp(-\kappa_{e, \lambda} L) \tag{2-9}$$

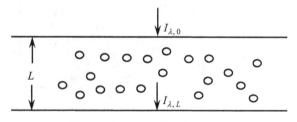

图 2-2　气溶胶的物理传输模型

大气介质的光谱衰减系数 $\kappa_{e, \lambda}$ 由以下两部分构成、一部分为气溶胶，另一部分为大气中的气体，具体计算如下：

$$\kappa_{e,\lambda} = \kappa_{e,\lambda,A} + \kappa_{e,\lambda,G} \qquad (2\text{-}10)$$

式中，$\kappa_{e,\lambda,A}$ 和 $\kappa_{e,\lambda,G}$ 分别表示气溶胶和大气中气体的光谱衰减系数，当气溶胶的物性参数（光谱复折射率）及分布参数（数密度、粒径、标准差等）均已知时，气溶胶粒子的光谱衰减系数 $\kappa_{e,\lambda,A}$ 即可求解，然后再耦合大气气体光谱衰减系数 $\kappa_{e,\lambda,G}$ 及介质层厚度 L，即可根据式(2-9)计算获得到达地面的观测光谱辐射强度 $I_{\lambda,L}$。

2.2.2　大气气溶胶辐射特性理论计算模型

在计算大气气溶胶光谱衰减系数前，首先需要获取光谱光学厚度。本书选取 2005 年 AERONET 观测站获得的 15 组光学厚度数据作为计算出发点，具体数据如图 2-3 所示，地面观察到的光谱分别为 0.4μm，0.694μm，1.060μm 3 个波长，介质层厚度为 1000m，根据观察到的光谱光学厚度即可反演气溶胶粒子的种类及粒径分布，然后基于反演结果采用 Mie 散射理论（针对单个粒子）及粒子系的辐射特性计算原理[140]即可计算获得气溶胶粒子系的光谱衰减系数 $\kappa_{e,\lambda,A}$。

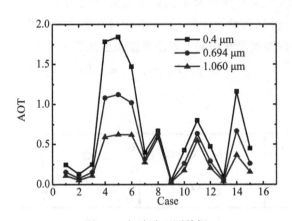

图 2-3　气溶胶观测数据

Mie 散射理论主要是针对单个粒子而言，并基于非偏振平面电磁波投射球形粒子时得到的 Maxwell 方程远场解。单个球形粒子的光谱参数主要有衰减因子 $Q_{e,\lambda}$、散射因子 $Q_{s,\lambda}$、吸收因子 $Q_{a,\lambda}$、散射反照率 $\omega_{\lambda,p}$ 和散射相函数 $\varphi_{\lambda,p}$，它们的计算公式分别为[140]：

$$Q_{e,\lambda}(m_\lambda, \chi) = \frac{C_{e,\lambda}}{G} = \frac{2}{\chi^2} \sum_{n=1}^{\infty} (2n+1) \mathrm{Re}\{a_n + b_n\} = \frac{4}{\chi^2} \mathrm{Re}\{S_0\}$$

$$(2\text{-}11)$$

$$Q_{s,\lambda}(m_\lambda, \chi) = \frac{C_{s,\lambda}}{G} = \frac{2}{\chi^2} \sum_{n=1}^{\infty} (2n+1)(|a_n|^2 + |b_n|^2)$$

$$(2\text{-}12)$$

$$Q_{a,\lambda}(m_\lambda, \chi) = \frac{C_{a,\lambda}}{G} = Q_{e,\lambda}(m_\lambda, \chi) - Q_{s,\lambda}(m_\lambda, \chi)$$

$$(2\text{-}13\text{a})$$

$$\omega_{\lambda,p} = \frac{Q_{s,\lambda}}{Q_{e,\lambda}} \qquad (2\text{-}13\text{b})$$

$$\Phi_{\lambda,p}(m_\lambda, \chi, \Theta) = \frac{1}{Q_{s,\lambda}\chi^2}(|S_1|^2 + |S_2|^2) \qquad (2\text{-}14)$$

式中，m_λ 为粒子光谱复折射率，$m_\lambda = n_\lambda - ik_\lambda$，$n_\lambda$、$k_\lambda$ 分别为光谱折射指数(单折射率)和光谱吸收指数；χ 为尺度参数，$\chi = \frac{\pi D}{\lambda}$，$D$ 为粒子粒径，λ 为波长；C_a、C_e 和 C_s 分别为吸收截面、衰减截面和散射截面，单位为 μm^2；$G = \frac{\pi D^2}{4}$ 为粒子几何投影面积，单位为 μm^2；Re 表示取复数实部；ω_p 为单个粒子的散射反照率；Φ_p 为单个粒子的散射相函数；Θ 为散射方向与入射方向间的夹角，简称散射角；a_n 和 b_n 为 Mie 散射系数，由 m 和 χ 所决定；S_1 和 S_2 为复数幅值函数(也称散射函数)；$S_0 = S_1(0) = S_2(0)$，称为前向幅值函数。Mie 散射系数 a_n、b_n 由下式确定[140]：

$$a_n = \frac{\Psi_n'(m\chi)\Psi_n(\chi) - m\Psi_n(m\chi)\Psi_n'(\chi)}{\Psi_n'(m\chi)\xi_n(\chi) - m\Psi_n(m\chi)\xi_n'(\chi)} \qquad (2\text{-}15)$$

$$b_n = \frac{\Psi_n'(m\chi)\Psi_n(\chi) - \Psi_n(m\chi)\Psi_n'(\chi)}{\Psi_n'(m\chi)\xi_n(\chi) - \Psi_n(m\chi)\xi_n'(\chi)} \qquad (2\text{-}16)$$

式中，符号上带一撇的标示代表的含义是对自变量求导数；$\xi_n = \Psi_n - i\eta_n$；Ψ_n 及 η_n 为 Ricatti-Bessel 函数，分别与第一类 Bessel 函数 $\boldsymbol{J}_n$ 及 Hankel 函数 $\boldsymbol{H}_n$ 相关，且满足下面的递推关系[140]：

$$\Psi_n(z) = \left(\frac{\pi z}{2}\right)^{1/2} \boldsymbol{J}_{n+1/2}(z), \qquad \eta_n(z) = \left(\frac{\pi z}{2}\right)^{1/2} \boldsymbol{H}_{n+1/2}(z)$$

$$(2\text{-}17)$$

$$\Psi_{n+1}(z) = \frac{2n+1}{z}\Psi_n(z) - \Psi_{n-1}(z), \qquad \Psi_{-1}(z) = \cos z, \ \Psi_0(z) = \sin z$$

$$(2\text{-}18)$$

$$\eta_{n+1}(z) = \frac{2n+1}{z}\eta_n(z) - \eta_{n-1}(z), \qquad \eta_{-1}(z) = -\sin z, \ \eta_0(z) = \cos z$$

$$(2\text{-}19)$$

复数幅值函数 S_1、S_2 的计算式分别为：

$$S_1(\Theta) = \sum_{n=1}^{\infty} \frac{2n+1}{n(n+1)} [a_n \pi_n(\cos\Theta) + b_n \tau_n(\cos\Theta)] \quad (2\text{-}20)$$

$$S_2(\Theta) = \sum_{n=1}^{\infty} \frac{2n+1}{n(n+1)} [a_n \tau_n(\cos\Theta) + b_n \pi_n(\cos\Theta)] \quad (2\text{-}21)$$

式中，散射角函数 π_n 和 τ_n 的求解方法为：

$$\pi_n(\cos\Theta) = \frac{d}{d\cos\Theta}[\boldsymbol{P}_n(\cos\Theta)] \qquad (2\text{-}22)$$

$$\tau_n(\cos\Theta) = \cos\Theta \pi_n(\cos\Theta) - \sin^2\Theta \frac{d}{d\cos\Theta}[\pi_n(\cos\Theta)]$$

$$(2\text{-}23)$$

式中，$\boldsymbol{P}_n$ 为勒让德多项式（Legendre polynomials），有如下递推关系：

$$\boldsymbol{P}_n(z) = \frac{2n-1}{n}\boldsymbol{P}_{n-1}(z) - \frac{n-1}{n}\boldsymbol{P}_{n-2}(z), \ \boldsymbol{P}_0(z) = 1, \ \boldsymbol{P}_1(z) = z$$

$$(2\text{-}24)$$

实际大气环境中出现的气溶胶粒子肯定都不是单一粒径的，而是不同粒径的粒子分布系。在计算太阳辐射强度的气溶胶的影响时，需要考虑整个粒子系的衰减系数、反照率及相函数等辐射特性参数，而不是单个粒子的辐射特性。计算中，粒子系辐射特性参数是基于单独粒子的辐射特性基础上进行研究的，即考虑粒子间相互作用、粒子浓度及粒径分布等因素的影响。

对于粒子系来说，粒子之间的相互作用包括：(1)单个粒子和其他粒子间的散射与吸收作用；(2)各粒子之间的互相干扰耦合辐射作用。对于气溶胶来说，由于两粒子边缘间的间距大于入射波波长，因此可以认为粒子系属于稀疏粒子系，即入射辐射对单个粒子的作用不会受到周围其他粒子影响作用，可将粒子系中每个粒子的吸收和散射以单个粒子来计算，而整个粒子系的辐射特性采用单个粒子辐射特性进行累加获得。

为了简化计算难度，假设气溶胶粒子系中只有一种粒子并且粒径分布连续，则粒子系的衰减系数 κ_e、散射系数 κ_s、散射反照率 $\Phi(\Theta)$ 可由下式得到：

$$\kappa_e = \int_0^\infty N(D) C_e \mathrm{d}D = \frac{\pi}{4} \int_0^\infty D^2 N(D) Q_e(D) \mathrm{d}D$$

$$= \frac{\pi N_0}{4} \int_0^\infty D^2 Q_e P(D) \mathrm{d}D = 1.5 \int_0^\infty Q_e \frac{f_v(D)}{D} \mathrm{d}D \quad (2\text{-}25)$$

$$\kappa_s = \int_0^\infty N(D) C_s \mathrm{d}D = \frac{\pi}{4} \int_0^\infty D^2 N(D) Q_s(D) \mathrm{d}D$$

$$= \frac{\pi N_0}{4} \int_0^\infty D^2 Q_s P(D) \mathrm{d}D = 1.5 \int_0^\infty Q_s \frac{f_v(D)}{D} \mathrm{d}D \quad (2\text{-}26)$$

$$\Phi(\Theta) = \frac{1}{\kappa_s} \int_0^\infty C_s(D) \Phi_p(D, \Theta) N(D) \mathrm{d}D \quad (2\text{-}27)$$

式中，$N(D)$ 表示粒径为 D 时的粒子数密度分布，单位为 $\mathrm{cm}^{-3} \cdot \mu\mathrm{m}^{-1}$ 或 $\mathrm{m}^{-3} \cdot \mu\mathrm{m}^{-1}$；$P(D)$ 为粒子粒径分布函数，$P(D) = N(D)/N_0$，单位为 $\mu\mathrm{m}^{-1}$；f_v 为粒子的体积百分比，$f_v = \dfrac{\pi \int_0^\infty D^3 N(D) \mathrm{d}D}{6}$；$N_0$ 是粒子总的数密度，$N_0 = \int_0^\infty N(D) \mathrm{d}D$，单位为 cm^{-3} 或 m^{-3}。可以看出，$P(D)$ 具有归一化性质：

$$\int_0^\infty P(D) \mathrm{d}D = \frac{1}{N_0} \int_0^\infty N(D) \mathrm{d}D = 1 \quad (2\text{-}28)$$

根据上述模型，气溶胶粒子系的光谱衰减系数可由下式计算获得：

$$\kappa_{e,A} = \frac{\pi}{4} \int_0^{\infty} D^2 N(D) Q_e(D) \, \mathrm{d}D \qquad (2\text{-}29)$$

2.2.3 气溶胶修正因子计算

基于上述气溶胶粒子系的光谱衰减系数计算模型，本书提出了太阳辐射强度计算中气溶胶修正因子的概念 β_A。气溶胶修正因子定义为：全谱带条件下标准大气的平均衰减系数与含气溶胶大气的平均衰减系数之间的比值，计算公式为：

$$\beta_A = \frac{\overline{\kappa_e}}{\overline{\kappa_{e,A}}} \qquad (2\text{-}30)$$

在计算中，首先需要对太阳光谱进行谱带划分并对每个谱带进行逐一计算，然后再计算全谱带。本书根据文献[140]将太阳光谱分为 12 个谱带，每个谱带范围及标准大气条件下各谱带的光学厚度(τ)见表 2-1。

从表 2-1 中可以看到，太阳辐射光谱对于不同的波长具有不同的光学厚度，且差距极大，光学厚度(τ)范围可从 0.01~1000，跨度可达 5 个数量级，从光学极薄(<0.01)到光学极厚(>10)均有分布。因此，针对光学厚度的特点，本书采用 3 种不同的平均衰减系数计算模型来计算平均衰减系数。

表 2-1 谱带衰减系数计算结果

谱带编号，k	光谱范围/μm	标准大气光学厚度[140]，τ	标准大气各谱带衰减系数，$\kappa_{e,k}$	标准大气各谱带黑体函数值，$F_{b(\lambda_{k1}-\lambda_{k2})}$	标准大气各谱带衰减系数份额，$\kappa_{e,\kappa \times F,k}$	含气溶胶各谱带衰减系数份额，$\kappa_{e,A,\kappa \times F,k}$
1	0.2~0.5	0.0168463	1.685×10^{-5}	0.24905	4.2×10^{-6}	3.03×10^{-4}
2	0.5~0.8	0.0346176	3.462×10^{-5}	0.33445	1.158×10^{-5}	7.2×10^{-5}
3	0.8~1.25	0.0977684	9.777×10^{-5}	0.23681	2.315×10^{-5}	3.9×10^{-5}

续表

谱带编号, k	光谱范围 /μm	标准大气光学厚度[140] τ	标准大气各谱带衰减系数, $\kappa_{e,k}$	标准大气各谱带黑体函数值, $F_{b(\lambda_{k1}-\lambda_{k2})}$	标准大气各谱带衰减系数份额, $\kappa_{e,\kappa \times F,k}$	含气溶胶各谱带衰减系数份额, $\kappa_{e,A,\kappa \times F,k}$
4	1.25~1.59	0.809019	0.809019	0.07367	5.96×10^{-5}	1.02×10^{-4}
5	1.59~2.22	1.78	1.78	0.05843	1.0405×10^{-4}	1.05×10^{-4}
6	2.22~3.45	21.52	21.52	0.03165	6.8111×10^{-4}	6.73×10^{-4}
7	3.45~5.0	91.13	91.13	0.00927	8.4478×10^{-4}	8.39×10^{-4}
8	5.0~10.0	343.55	343.55	0.00418	1.44291×10^{-3}	1.523×10^{-3}
9	10.0~11.11	6.55	6.55	0.00356	2.3×10^{-5}	1×10^{-6}
10	11.11~12.99	0.137	0.137	0.00259	4.0×10^{-7}	4×10^{-8}
11	12.99~20.0	34.29	34.29	0.00114	3.772×10^{-5}	8×10^{-6}
12	20.0~50.0	950.3721	950.3721	0.00012	9.5×10^{-5}	8.2×10^{-5}
全谱带					3.327×10^{-3}	3.747×10^{-3}

注: 含气溶胶大气的数据采用图 2-4 中算例 1。

1. 普朗克模型

对于黑体发射光谱, 采用普朗克(Planck)平均衰减系数法, 计算公式由文献[147]给出:

$$\bar{\kappa}_{e,P} = \frac{\int_0^\infty \kappa_{e,\lambda} I_{b\lambda}(s)\,\mathrm{d}\lambda}{\int_0^\infty I_{b\lambda}(s)\,\mathrm{d}\lambda} = \frac{\int_0^\infty \kappa_{e,\lambda} E_{b\lambda}(\lambda, T)\,\mathrm{d}\lambda}{E_b(T)} \quad (2\text{-}31)$$

式中, $E_b(T) = n^2 \sigma T^4$ 为黑体辐射力。

按普朗克模型计算平均衰减系数时: (1)由于光谱辐射力是温度和波长的函数, 太阳黑体温度变化范围为 5600~6300K, 计算中温度采用离散化, 在计算范围内分为 100 个单元, 此时光谱辐射力只是波长的函数。(2)将太阳光谱分为 12 个谱带(NB = 12,见表2-1)进行计算,对每一个谱带,首先根据光学厚度与介质层厚度计算谱带平均衰减系数 $\kappa_{e,\lambda,k}$,即谱带的平均衰减系数为谱带光学厚度除以介质层厚度(如前所述,介质层厚度为 1000m),单位为 $\mathrm{m^{-1}}$;然后用谱带的衰减系数 $\kappa_{e,\lambda,k}$ 乘以每个谱带辐射力占黑体辐射力的份额,即可获取各谱带衰减系数份额 $\kappa_{e,\kappa\times F,k}$,单位为 $\mathrm{m^{-1}}$;最后将每个谱带的衰减系数份额 $\kappa_{e,\kappa\times F}$ 的计算结果进行累加求和,即得到全谱带的平均衰减系数。在计算前将式(2-31)改写如下:

$$
\begin{aligned}
\overline{\kappa_{e,P}} &= \frac{\displaystyle\int_0^\infty \kappa_{e,\lambda} E_{b\lambda}(\lambda,T)\,\mathrm{d}\lambda}{E_b(T)} \\[2mm]
&= \sum_{k=1}^{NB} \kappa_{e,\lambda,k} \frac{\displaystyle\int_{\lambda_{k1}}^{\lambda_{k2}} E_{b\lambda}(\lambda,T)\,\mathrm{d}\lambda}{E_b(T)} \\[2mm]
&= \sum_{k=1}^{NB} \kappa_{e,\lambda,k}\left(F_{b(0-\lambda_{k2})} - F_{b(0-\lambda_{k1})}\right)
\end{aligned}
\tag{2-32}
$$

式中,$F_{b(0-\lambda_{k2})} - F_{b(0-\lambda_{k1})}$ 代表黑体辐射函数,标准大气可通过文献[148]取值。但由于文献[148]的数据间隔较大,故本书的标准大气和含气溶胶大气均通过数值编程计算。

2. 罗斯兰德模型

对于光学厚条件下,采用罗斯兰德(Rosseland)衰减系数法,计算公式由文献[147]给出:

$$
\frac{1}{\overline{\kappa_{e,R}}} = \frac{\displaystyle\int_0^\infty \frac{1}{\kappa_{e,\lambda}}\frac{\partial I_{b\lambda}(\lambda,T)}{\partial T}\mathrm{d}\lambda}{\displaystyle\int_0^\infty \frac{\partial I_{b\lambda}(\lambda,T)}{\partial T}\mathrm{d}\lambda}
\tag{2-33}
$$

按罗斯兰德模型计算衰减系数时:(1)温度分为 100 个离散单元;(2)将太阳光谱按照 12 个谱带进行离散化。为了实现数值程序的编写,需要对式(2-33)进行推导,具体过程如下:

$$\frac{1}{\kappa_{e,R}} = \frac{\int_0^\infty \frac{1}{\kappa_{e,\lambda}} \frac{\partial I_{b\lambda}(\lambda,\ T)}{\partial T} d\lambda}{\int_0^\infty \frac{\partial I_{b\lambda}(\lambda,\ T)}{\partial T} d\lambda}$$

$$= \frac{\sum_{k=1}^{NB} \frac{1}{\kappa_{e,\lambda,k}} \times \frac{2n^2 k^4 T^3}{h^3 c_0^2} \int_{\lambda_{k1}}^{\lambda_{k2}} \frac{x^4 e^x}{(e^x-1)^2} dx}{\frac{2n^2 k^4 T^3}{h^3 c_0^2} \int_0^\infty \frac{x^4 e^x}{(e^x-1)^2} dx}$$

$$= \frac{\sum_{k=1}^{NB} \frac{1}{\kappa_{e,\lambda,k}} \times \frac{2n^2 T^3 C_1}{C_2^4} \int_{\lambda_{k1}}^{\lambda_{k2}} \frac{x^4 e^x}{(e^x-1)^2} \sqrt{b^2-4ac}\, dx}{\frac{2n^2 T^3 C_1}{C_2^4} \int_0^\infty \frac{x^4 e^x}{(e^x-1)^2} \sqrt{b^2-4ac}\, dx}$$

$$(2-34)$$

式中，h 为普朗克常数；k 为玻尔兹曼常数；n 为折射率，且不随波长变化；$C_1 = hc_0^2$，$C_2 = \frac{hc_0}{k}$，$x = \frac{\lambda h}{kT}$。

3. 普朗克-罗斯兰德模型

针对太阳辐射光谱光学厚度特性（光学厚度变化范围很大，如表 2-1 所示），单一采用上述两种模型的任一种，计算结果相差太大。如标准大气，按普朗克模型计算时，平均衰减系数 $\overline{\kappa_{e,P}} = 3.327 \times 10^{-3}$；而按罗斯兰德模型计算时，平均衰减系数 $\overline{\kappa_{e,R}} = 0.028 \times 10^{-3}$（见表 2-2）。因此，本书提出普朗克-罗斯兰德（Planck-Rosseland）衰减系数法，即对整个光谱范围内分别采用普朗克衰减系数和罗斯兰德衰减系数进行计算，然后对两个模型的全谱带平均衰减系数计算结果进行如下数学处理，具体计算公式为：

$$\overline{\kappa_{e,P-R}} = \sqrt{\overline{\kappa_{e,P}} \times \overline{\kappa_{e,R}}} \qquad (2-35)$$

表 2-1 显示了两种气体（标准大气和含气溶胶粒子的大气）基于普朗克模型的计算结果：（1）根据标准大气光学厚度和介质层厚度（1000m）计算谱带衰减系数，$\kappa_{e,k}$ [m^{-1}]；（2）按式（2-32）计算标

准大气各谱带黑体辐射函数值 $F_{b(\lambda_{k1}-\lambda_{k2})}$；（3）标准大气各谱带衰减系数份额，$\kappa_{e,\,\kappa\times F,\,k}\,[\mathrm{m}^{-1}]$；（4）含气溶胶各谱带衰减系数份额，$\kappa_{e,\,A,\,\kappa\times F,\,k}\,[\mathrm{m}^{-1}]$；最后进行累加即为全光谱的平均衰减系数(见表 2-1 的最后一行)。含气溶胶粒子的大气的计算过程与标准大气完全一样。

表 2-2 显示了两种气体(标准大气和含气溶胶粒子的大气)基于上述 3 种计算模型的平均衰减系数和气溶胶修正因子的计算结果。

表 2-2　　　　　含气溶胶大气的全谱带衰减系数计算结果

	普朗克平均衰减系数，$\overline{\kappa_{e,\,P}}/\mathrm{m}^{-1}$	罗斯兰德平均衰减系数，$\overline{\kappa_{e,\,R}}/\mathrm{m}^{-1}$	普朗克-罗斯兰德平均衰减系数，$\overline{\kappa_{e,\,P-R}}/\mathrm{m}^{-1}$
标准大气	3.327×10^{-3}	0.028×10^{-3}	0.305×10^{-3}
含气溶胶大气（算例 1）	3.747×10^{-3}	0.34×10^{-3}	1.128×10^{-3}
气溶胶修正因子	0.8881	0.0823	0.2704

注：含气溶胶大气的数据采用图 2-4 中算例 1。

本书结合哈尔滨地区冬季供暖和沙尘天气的特点，采用 3 种模型计算了煤烟天气的 15 个算例和沙尘天气 8 个算例，相应的气溶胶光谱光学厚度由图 2-3 给出，气溶胶光谱复折射率由文献[150]给出(见附录一)，气溶胶修正因子计算结果见图 2-4 和图 2-5。

从图 2-4 和图 2-5 可以看出，不同算例条件下采用 3 种模型计算的气溶胶修正因子变化较大，计算结果存在明显区别，其中普朗克模型的计算结果最大，其次是普朗克-罗斯兰德模型，罗斯兰德模型的计算结果最小。

2.2.4　结果分析及模型选取

本节根据 Gueymard[150,151] 提出的太阳光谱辐射强度模型——SMARTS（Simple Model of the Atmospheric Radiative Transfer of Sunshine）计算了地球表面的太阳光谱直射辐射强度。SMARTS 软件

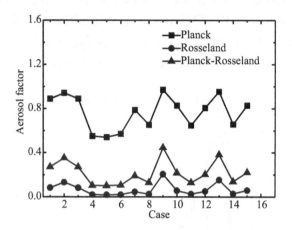

图 2-4　煤烟天气气溶胶修正因子计算结果

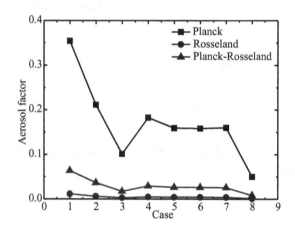

图 2-5　沙尘天气气溶胶修正因子计算结果

计算的光谱范围为 $0.28\sim4\mu m$，不同光谱区间的间隔范围不完全相同：波长为 $0.28\sim0.4\mu m$ 的光谱间隔为 $0.0005\mu m$；波长为 $0.4\sim1.7\mu m$ 的光谱间隔为 $0.001\mu m$；波长为 $1.7\sim4.0\mu m$ 的光谱间隔为 $0.005\mu m$。本书计算过程中的具体条件为：（1）大气压力为 $101.325kPa$；（2）二氧化碳柱状体积浓度为 $0.37L/m^3$；（3）气溶胶光学厚度为 0.084；（4）接受面为水平表面；（5）空气质量、可凝结水量、臭氧层总的柱丰度等条件都采用系统设置的默认参数。

　　图 2-6 显示了基于 SMARTS 软件太阳光谱辐射强度的计算结果。从图中可以明显看到，太阳光谱在不同波长条件下的辐射强度是不一样的，当波长大于 2. 22μm 时，太阳的光谱辐射强度很小。

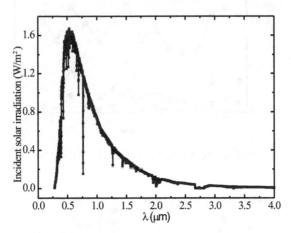

图 2-6　太阳光谱辐射强度的计算结果

　　基于图 2-6 的计算结果，不同谱带条件下的光谱辐射强度的计算结果见表 2-3。从表中可以看到，不同谱带条件下太阳辐射强度存在明显区别，当太阳光谱在 0. 2~2. 22μm 时，几乎集中了全部的太阳辐射强度，而太阳光谱大于 2. 22μm 时，太阳辐射强度所占比例小于 1% ，可以忽略。

表 2-3　　　　　不同谱带下太阳辐射强度的计算结果

谱带，$k/\mu m$	谱带太阳辐射强度（W/m^2）	谱带太阳辐射强度所占比例（%）
0. 2~0. 5	104. 5	18. 83
0. 5~0. 8	209. 5	37. 75
0. 8~1. 25	160. 5	28. 92
1. 25~1. 59	57. 0	10. 27

续表

谱带，$k/\mu m$	谱带太阳辐射强度（W/m^2）	谱带太阳辐射强度所占比例（%）
1.59~2.22	19.25	3.47
2.22~3.45	3.665	0.66
3.45~5.0	0.585	0.11
5.0~10.0	0	0
10.0~11.11	0	0
11.11~12.99	0	0
12.99~20.0	0	0
20.0~50.0	0	0

　　根据上述计算结果可知，尽管不同谱带条件下，光学厚度存在较大变化，但是太阳辐射光谱主要的辐射强度集中在小于 $2.22\mu m$ 的短波范围内，对于大于 $2.22\mu m$ 的谱带，辐射强度所占比例小于 1%。因此，在进行平均光学厚度计算时，应主要以 $0.2\sim2.22\mu m$ 波长范围内的数据为主。

　　同时，以图 2-4 中算例 1 为例，表 2-4 给出了标准大气和含气溶胶粒子大气各谱带平均光学厚度对比。从表中可以看出，在 $0.2\sim2.22\mu m$ 波长范围，光学厚度最大值仅为 1.8，远小于光学厚度假设（>10），可见此时采用罗斯兰德模型的假设不合理，导致其计算结果不可信。因此，本书后续的气溶胶修正因子（β_A）计算中都是采用普朗克模型进行计算获取。

表 2-4　含气溶胶粒子大气和标准大气的光学厚度

谱带，$k/\mu m$	标准大气光学厚度，τ	含气溶胶粒子大气光学厚度，τ
0.2~0.5	0.0168463	1.20518
0.5~0.8	0.0346176	0.21403

续表

谱带，$k/\mu m$	标准大气光学厚度，τ	含气溶胶粒子大气光学厚度，τ
0.8~1.25	0.0977684	0.16581
1.25~1.59	0.809019	1.38327
1.59~2.22	1.78	1.8
2.22~3.45	21.52	21.53
3.45~5.0	91.13	91.13879
5.0~10.0	343.55	343.56，
10.0~11.11	6.55	6.5646
11.11~12.99	0.137	0.14363
12.99~20.0	34.29	34.29743
20.0~50.0	950.3721	950.37784

2.2.5　气溶胶修正因子应用选定方法

从图 2-4 中普朗克模型的计算结果可以看到，在煤烟天气 15 个算例中，气溶胶修正因子变化范围为 0.54~0.97，气溶胶的存在对于太阳辐射强度的衰减影响较大。在天空晴朗，即基本无污染条件下，气溶胶修正因子为 0.9 以上(算例 2、9、13)；当大气存在轻度污染时，气溶胶修正因子为 0.7~0.9(算例 1、3、7、10、12、15)；当大气存在中度污染时，气溶胶修正因子为 0.6~0.7(算例 8、11、14)；当大气存在重度污染时，气溶胶修正因子为 0.5~0.6(算例 4、5、6)。从图 2-5 中普朗克模型的计算结果可以看到，在沙尘天气 8 个算例中，气溶胶修正因子变化范围为 0.05~0.35，气溶胶的存在对于太阳辐射强度的衰减程度比煤烟天气更为严重，基本在 0.35 以下。极端沙尘天气下，太阳辐射强度几乎为 0(如图中算例 8 的气溶胶修正因子为 0.05)。

从上述计算结果可知，在太阳辐射强度的理论模型中需要考虑气溶胶修正因子进行修正，因此，在太阳能光热实际应用中不能仅仅只根据地理位置、计算时间等这些因素选定参数来计算太阳辐射强度，而需要根据具体的天气特征合理选定气溶胶修正因子。

本书提出气溶胶的选定方法为判断气溶胶产生的原因：对于沙尘天气，如果是极端沙尘天气，气溶胶修正因子可以选择在 0.1 以下；如果是一般沙尘天气，气溶胶修正因子应该控制在 0.1～0.4；对于煤烟天气，如果是极端煤烟天气，气溶胶修正因子应该控制在 0.5～0.6；如果是一般煤烟天气，气溶胶修正因子应该控制在 0.6～0.9；如果天气质量良好(根据空气质量指数、细颗粒物、可吸入颗粒物、一氧化碳等 8 项指标确定或者以中央电视台天气预报为参考)，气溶胶修正因子可以在 0.9～0.95 中选取。

2.3 太阳辐射强度理论计算结果

本节基于 2.1 节太阳辐射强度的理论模型和 2.2 节气溶胶修正因子的计算结果，计算了哈尔滨地区的太阳辐射强度。计算地区的地理参数对于理论计算太阳辐射强度具有重要意义。本书为了准确计算哈尔滨的太阳辐射强度，需要给定该地区的基本地理特征。哈尔滨市的经纬度分别为东经 125° 42′—130° 10′，北纬 44° 04′—46°40′，主要分布在不同的三级阶地上，不同阶地具有不同的海拔，表 2-5 显示了哈尔滨地区的三级海拔高度[152]。

表 2-5　　　　　　　　　　哈尔滨地区的海拔高度

名称	数值/m	特点
第一级海拔	132～140	道里区和道外区，地面平坦
第二级海拔	145～175	南岗区和香坊区的部分地区
第三级海拔	180～200	荒山嘴子和平房区南部

基于建立的太阳辐射强度逐时辐射强度计算模型，结合气溶胶修正因子和哈尔滨地区的地理特征，数值模拟该地区的太阳辐射强度变化规律。在数值模拟过程中，考虑实验台搭建在哈尔滨市南岗

区，因此选取的海拔高度为 0.146km，经度为 125°，纬度为 46°，计算日期选取的是 2011 年最具代表性的 4 个典型日期，即春分、夏至、秋分、冬至，相应的 n 值（从元旦开始计算的天数）分别为 81、172、266、256，气溶胶修正因子分别选取为 0.8、0.9、0.9、0.8。

图 2-7 显示了 2011 年哈尔滨地区典型日期的太阳辐射强度数值计算结果。从图中可以看到每一天的太阳辐射强度分布规律基本相似，但是梯度不完全一样。计算以天为周期，而且每天从早上开始先增加到最大值然后减小，每天的最大值几乎出现在中午 12 点。从图中也可以看到，对于同一时刻，夏至当天辐射强度最大而冬至当天最小，但是春分和秋分这两天的太阳辐射强度差不多，这也说明太阳辐射强度按照年周期性来看，从春分开始增加到夏至，然后开始减小到秋分，继续减小到冬至，再增加到春分，最后进行下一年的周期变化。图中还显示了哈尔滨地区的最大太阳辐射强度（在计算时间 8：00—15：00 内）为 643.57W/m²，出现在夏至那天中午 12 点；最小辐射强度（在计算时间 8：00—15：00 内）为 44.9W/m²，出现在冬至那天早上 8 点。

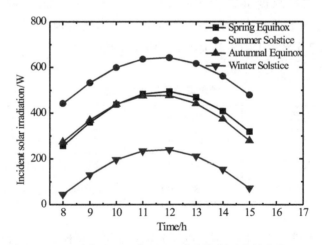

图 2-7　哈尔滨地区典型 4 天太阳辐射强度的变化

2.4　太阳辐射强度的实验测量及对比分析

地面太阳辐射强度由太阳直射辐射和散射辐射两部分组成，因此实验测量太阳辐射强度可以分为三种不同的测试方式和手段，即散射辐射测量、直射辐射测量以及总辐射测量[44]。

准确测试哈尔滨地区的逐时太阳辐射强度是验证本书理论计算模型的重要手段，也是后续光热转换效率计算的基础，因此本书采用两种仪器测试了哈尔滨地区的太阳辐射强度，并与理论计算值进行对比分析。

测试仪器 1：图 2-8 所示为 SS-30 型太阳辐照度传感器及数据采集器，该仪器属于黑白型太阳总辐照度测试仪且符合 ISO-9060 相关规定。SS-30 型太阳辐照度传感器及数据采集器的工作原理为：传感器的表面感应器为分别涂以黑色和白色的热电堆；当两种不同颜色的热电堆在接收太阳辐射后温度升高，依据不同颜色热电堆的温度差来确定太阳辐照度的数值；当将黑白型太阳总辐照度传感器进行水平放置时，即可以测量水平面上的太阳总辐照度，当采用遮阳环盖住太阳直射辐射时，黑白型太阳总辐照度传感器就可以测量太阳散射辐射，两者的差值即为太阳直射辐射[44]。根据研究现状可知，总辐射的测量一般精度能够满足要求，但是散射辐射的

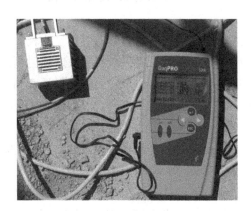

图 2-8　SS-30 型太阳辐照度传感器及数据采集器

41

准确测量有一定困难。

　　测试仪器 2：图 2-9 所示为 PC-2 型太阳辐射记录仪，该仪器由锦州阳光气象科技有限公司生产，具有测量通道多、功能全、检测精度高等特点，可以实时监测太阳的总辐射、散射、直射、反射、净辐射等，仪器的工作环境为 −40~70℃，显示精度为 1W/m²，准确度为 0.5%，测试周期小于 30ms。测试的原理为：首先需要光筒对太阳进行跟踪，然后根据测试地点和时间调整赤纬角和太阳时仪表，见图 2-9 中右上部分显示，当太阳光线通过光筒上部的一小孔照射到光筒下部的固定位置时，此时说明跟踪完成。

图 2-9　PC-2 型太阳辐射记录仪

　　由于哈尔滨地处中国严寒地区，年下雪量比较大，冬季准确测量太阳辐射强度具有一定的难度，尤其是散射辐射测量受积雪深度和纯净度的影响特别大，因此本书的太阳辐射强度测试时间选取在 6 月 21 日—23 日，测试 3 天各时刻的太阳辐射强度，最后分别取平均值代表夏至日（22 日）当天的辐射强度。测试时间段都选择在上午 8 点到下午 3 点整，大气最低温度 20℃，最高温度 31℃，风力 3 级。测试过程中 SS-30 型太阳辐射测量仪器是先测试总辐射强度，再通过遮阳环去除直射辐射强度后测量太阳散射辐射强度，两者的差值即为太阳直射辐射强度。PC-2 型太阳辐射记录仪可以直接测试直射太阳辐射强度。图 2-10 显示了这两种仪器的实验测试结果和理论计算结果。

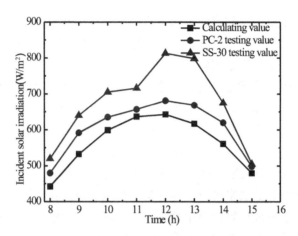

图 2-10　太阳辐射强度逐时变化的理论计算值与实验测量值的比较

从图 2-10 中可以看到，理论计算值和两种实验测量值的变化趋势一样，都是从早上 8 点开始增加，最大值出现在中午 12 点，然后一直减小到下午 3 点。从图中也可以看到，采用 PC-2 型太阳辐射记录仪的测试值与理论计算值吻合较好，最大误差为 9.97%，而采用 SS-30 型太阳辐射测量仪的测试值与理论计算值吻合较差，最大误差为 22.77%，并且采用 SS-30 型太阳辐射测量仪和 PC-2 型太阳辐射记录仪测试的结果之间的误差也很大，最大误差为 16.24%。根据理论和实验计算结果显示，采用 SS-30 型太阳辐射测量仪进行太阳辐射强度是不准确的，误差主要是由于散射辐射强度的不准确测量引起的；而根据 PC-2 型太阳辐射记录仪的测试值则验证了本书建立的太阳辐射强度计算模型（主要是相关参数的选取）可以用来计算哈尔滨地区及同类地区的太阳逐时辐射强度，误差的产生主要是测试时间段哈尔滨地区空气质量较好，气溶胶粒子较少，并且数值模拟过程中选择的哈尔滨地区的海拔和经纬度可能和测试地点存在偏差，另外测试仪器也存在一定的误差。

2.5　本章小结

本章主要通过数值计算和实验测试方法研究了哈尔滨地区的逐时太阳辐射强度和年周期性变化规律，主要包括以下两个方面：

（1）针对计算太阳辐射强度的 Hottel 理论计算模型，提出了气溶胶修正因子的重要意义和计算思路，即先通过地面观察数据反演计算光谱光学厚度和粒子分布特性等，然后以这些数据为出发点，采用 Mie 经典理论和粒子系辐射理论计算光谱衰减系数，最后采用 3 种不同模型对全谱带范围内的平均衰减系数进行了计算。通过 SMARTS 软件对太阳光谱辐射强度的研究结果表明，应该采用普朗克平均衰减系数法来进行计算。基于衰减系数计算结果，本书提出了太阳辐射强度计算模型中的气溶胶修正因子为标准大气的衰减系数与含气溶胶大气的衰减系数的比值，并通过 15 种煤烟天气和 8 种沙尘天气的计算结果给出了太阳辐射强度计算中气溶胶修正因子的判定方法，为准确计算太阳辐射强度和高效利用太阳能提供准确的基础参数。

（2）以修正后的 Hottel 模型为基础，计算了哈尔滨地区逐时太阳辐射强度和年周期性变化规律，同时采用两种实验测量仪器对哈尔滨地区的太阳辐射强度进行了实验测试，最后通过两种实验测量结果与理论计算值之间的对比分析，得出了 PC-2 型太阳辐射记录仪更适合测试太阳直射强度，也验证了本书数学模型的可靠性。

第3章　腔式吸热器结构设计及优化研究

碟式太阳能聚光系统是目前聚光比最高的一种利用形式，通常由碟式镜面反射器（或者称聚集器）和腔式吸热器组成。由于该系统具有高聚光比而所需的换热面积较小，导致对流热损失和导热损失相对来说最小。但是这种聚集系统也有其缺点，即对设备的要求较高（包括设备材料的耐高温性、太阳实时跟踪系统的精度等）。太阳能聚集品质（能流密度）和分布特征是影响太阳能高效光热转换的重要因素，对高温热转换效率的影响非常大，特别是需要预防产生局部高温现象。除降低聚集过程中的各种热损失外，实现太阳能高品质聚集及转换是太阳能高效利用中的关键问题。但事实上由于地球表面太阳辐照方向的间歇性、动态性、多变性以及云雨、风沙等不同区域的各种气象条件对聚集过程影响的复杂多态性、聚集能流密度传输的不均性与能流密度吸收可变性等特点，使太阳能聚集与吸收过程中产生复杂的光辐射与热学行为的耦合效应，这会给太阳能聚集和吸收技术带来许多难题，如造成太阳能聚集质量低、吸收系统加工制造难度增加和运行成本高等，严重制约了太阳能产业化利用的可行性、可靠性和经济性。

腔式吸热器是太阳能高效光热转换的重要设备，也是最终进行光热转换的设备，因此其结构及优化设计对于提高系统效率有至关重要的作用。目前关于太阳能聚光系统的腔式吸热器主要集中在腔体形状、腔体热损失等，已经有一些研究成果。本书在国内外研究的基础上，首先建立蒙特卡洛法的求解模型，并给出数值模拟对象的物理模型和14个表面的数学描述，分析单碟和多碟太阳能聚光系统的区别，然后基于等高度等面积法和等开口等面积法设计4种不同形状的腔式吸热器，并进行腔内热流密度场分布特征的研究，接着考虑腔体材料的光学特性，研究辐射热流随材料光学特性的变化规律，最后研究 6 种不同高径比条件下腔式吸热器的热流分布，并以此为基础建立吸热器总吸热量与吸热器高度之间的函数关系，提出腔式吸热器最优的高径比。

3.1　蒙特卡洛法

本书采用的数值模拟方法是蒙特卡洛法，该方法是一种概率模拟方法，其优点有：第一，适应性强，可以解决多种复杂问题，比如各向异性发射和散射、复杂表面形状、三维问题等；第二，在处理复杂问题时，数值计算中的复杂程度在一定程度上与问题本身的复杂性成比例关系，而其他方法是成平方关系增加。蒙特卡洛法的缺点主要是：概率统计方法本身不可避免地存在一定的概率误差，因此计算结果通常与精度解相似但不完全相同，并且与抽样数直接相关，计算量较大，模拟时间长。但是随着计算机的发展和计算方法的改进，对于一般的工程问题，统计误差完全可以忽略[147,153]。

根据地球与太阳的相互位置关系及特点，太阳光线到达地球表面的辐射热流密度通常是均匀分布的，并且将太阳光线当做平行光是可行的[71,72]。碟式太阳能聚光系统一般采用的是双轴跟踪系统，也就是使聚光镜面的焦轴与太阳中心重合或者是入射的太阳光线完全平行于系统的焦轴，这样能确保太阳光线高质量地进入腔式吸热器内。在数值模拟过程中，为了使程序具有较好的适用性，将太阳光移近并假设是离抛物线碟较近的某一表面发射的，这样的假设对于整个计算效果和真实太阳是完全一样的，即都能确保全部光线与真实太阳发射的光线传输路径一样。因此，本书数值模拟研究中假想有一组表面，包括抛物线碟、腔式吸热器以及发射表面，组成一个封闭体，光线一直在这个封闭空间内部传递，直到被吸收为止。

在用数值模拟计算太阳光线的传输特性中，把太阳辐射能看做是由大量独立的能束光线组成，每根太阳光线平均携带相同等分的能量以保证太阳能分布均匀，同时每个太阳光线在系统各部件的反射、吸收、透射以及逃逸过程都可以通过特定的概率函数来确定，这种函数通常称为概率模型。在数值计算中，将系统各表面采用数学方程代替，太阳光线采用具有方向特征的射线代替。跟踪每一根光线最后达到的位置并统计，当光线反射的时候需要继续跟踪，而当光线到达系统的假想面时则不用继续跟踪。本书数值模拟对象总共分为14个表面，最后统计系统各表面上的各区域光线数目，并根据此结果计算热流密度 Q_j，其计算公式为：

$$Q_j = N_i \times q_{mg} \tag{3-1}$$

式中，N_i 为表面上任意一个区域接收到的光线数（根）；q_{mg} 为每根太阳光线所带的热流量（W/根）。

抽样光线数目代表将太阳辐射能分为太阳光线的具体数量，它是整个数值模拟精度的重要因素。在以往的蒙特卡洛法中没有具体的计算原则标准，通常是随意给定一个抽样数，结果就会导致抽样光线的不统一分布。抽样数越大，整个数值模拟计算越准确，但是带来的计算工作量将成倍增加。因此，合理选择太阳光线的抽样数是提高数值模拟精度的关键和保证。

3.1.1 系统结构表面的数学描写

在基于蒙特卡洛法数值模拟太阳能光线传输过程时，需要对太阳光线进行不断的跟踪，所以为了采用计算程序来实现这些过程，需要采用数学方程和描写对太阳光线和系统各表面结构进行代替。对于系统中的各部件，可以采用表面方程的形式来代替具体的部件表面，这样整个系统就可以简化为由特定约束条件的不同表面围成的一个封闭体；太阳光线通常可以按具有方向的射线来处理。基于以上两点处理方法，太阳光线在碟式聚光系统各部件之间的辐射传递就可以转化为一个数学问题，即空间曲面与射线的交点问题。与此同时，在数值计算空间曲面与射线求交点的过程中，需要两者在同一坐标系内，则数值编程时需要进行建立一个统一的坐标系，即系统坐标系，但是具体求解太阳光线发射和反射传输过程时，都是采用当前表面的坐标系（即当地坐标系）来表示概率模型中的方向向量。因此，在计算中需要对不同坐标系进行相互转换，以确保计算结果的统一性。

从几何知识可知，一个射线需要首先确定发射点，然后知道方向向量，两者的组合就可以看做是一根太阳光线。假设一根射线发射点 P_0 的系统坐标为 (x_0, y_0, z_0)，发射方向采用方向余弦表示 $\vec{M}(m_x, m_y, m_z)$，那么射线上任意一点 P 的系统坐标 (x, y, z) 的参数方程可以根据基本数学知识表示为如下形式[154]：

$$\begin{cases} x = x_0 + t \times m_x \\ y = y_0 + t \times m_y \\ z = z_0 + t \times m_z \end{cases} \tag{3-2}$$

式中, t 的取值为正数。

计算中，发射点的系统坐标可以根据发射点的相应概率模型给出，对于反射光线则可以通过入射光线与该表面的交点确定。发射方向需要根据具体情况进行单独确定，通常分为漫发射(或者漫反射)和镜发射两种。

第一种情况，如果是漫反射或者漫发射时，$\vec{M}$ 根据相应的坐标转换和概率模型获取。在当地坐标系中，首先由相应的概率模型得到漫反射和漫发射的圆周角 φ 和天顶角 θ，那么光线的具体方向余弦 (m_x^*, m_y^*, m_z^*) 可以表示为：

$$\begin{cases} m_x^* = \sin\theta \times \cos\varphi \\ m_y^* = \sin\theta \times \sin\varphi \\ m_z^* = \cos\theta \end{cases} \tag{3-3}$$

第二种情况，如果光线为镜反射(一般没有镜发射)时，$\vec{M}$ 则由光学反射定律计算。首先根据确定镜面方程和入射光线的交点，并耦合该处位置的法线方向，然后以矢量加法原则为基础给出反射光线的方向向量。举例来说，假设一点在当地坐标系中的法向量为 N，反射光线和入射光线分别为 M 和 M_0，那么镜反射的方向向量可以通过如下方式计算：$M = M_0 + 2(N \cdot M_0)N$。

1. 系统各表面的数学描写

在碟式太阳能聚光系统中部件的表面都是二次曲面或者平面，

如圆柱面、平面、椭圆面、旋转抛物面等。根据几何知识，所有的表面都可以采用三元二次方程来表示[78]。表面的朝向通过表面法向量的正负来判定(正法向的原则是指向传播区间的法向)。另外，对于不同表面还需要通过一定的约束条件(也采用表面方程的形式)来限制具体的表面大小。因此，表面的数学方程、表面的法向特征以及表面特定的约束条件构建了整个系统完整的数学描写。

1)表面方程

如前所述，空间内三元二次方程可以代表所有的二次曲面和平面，其标准形式可以表示为[44]：

$$F(x, y, z) = C_1 x^2 + C_2 y^2 + C_3 z^2 + C_4 xy + C_5 yz + C_6 xz$$
$$+ C_7 x + C_8 y + C_9 z + C_{10} \tag{3-4}$$

式中，C_1，$\cdots$，C_{10} 为方程中的 10 个系数，根据不同的表面结构特征选取不同的系数，对于不同的腔式吸热器结构需要单独给出表面方程或方程系数。

2)表面的正法向

根据系统表面特性、系统所在坐标以及光线传播空间关系，可以获得任意表面正法向向量 N 为：

$$N = \frac{\pm(F_x \vec{i} + F_y \vec{j} + F_z \vec{k})}{r} \tag{3-5}$$

式中，$r = \sqrt{F_x^2 + F_y^2 + F_z^2}$；$\vec{i}$，$\vec{j}$，$\vec{k}$ 是三个坐标轴方向的方向向量；F_x，F_y，F_z 是函数 $F(x, y, z)$ 分别对 3 个坐标的偏导数。

3)表面的约束条件

表面方程给定后，需要确定具体表面的大小，而这些是通过相应的约束条件实现的，表面的约束条件可以表示为：

$$F_i(x, y, z) \geqslant 0, \ i = 1, \cdots, 6 \tag{3-6}$$

值得注意的是，并不是所有表面需要的约束条件都是 6 个，如果只需要 3 个约束条件，那么可以把另外 3 个约束条件均写成 $F_i(x, y, z) = 2.0 \geqslant 0$ 的形式，这样可以实现所有表面方程的约束条件从形式上都是 6 个，计算程序更好执行。

2. 光线与各表面交点的确定原则

由于碟式太阳能聚光系统中有很多不同的表面形式，要想分别导出某一光线与系统中全部表面的交点，用程序实现起来有一定的困难，本书在保证计算准确度的前提下做如下处理可以方便程序实现[147,154]。

（1）为了方便计算，根据不同表面的约束条件来判断所求光线与表面的交点是在其限制区域外部或者内部。

（2）将任意一根光线与系统不同表面方程进行联立求解，找出光线和不同表面之间的交点相应的参数 t_j（$j = 1$，…），然后根据光线的特征，选取对于 $t_j \geq 0$ 的解，而对于 $t_j \leq 0$ 的情况，则直接删除；

（3）假设本书数值模拟中的所有表面都不透明，并且根据交点处的法向量与入射光线的方向向量之间的几何关系判定光线是否为正向入射，判断的必要条件是 $M_0 \cdot N < 0$；

（4）判断各交点与入射光线源点的距离关系，可以把离源点最近的交点当作是最后真正交点。

这种方法的缺点是每次求解都需要同时判断约束条件，导致计算工作量较大，尤其是系统具有较多表面的情况下，计算工作量就更大了。但是该方法具有通用性良好、物理意义明确的优点，使用非常方便。

3. 坐标转换

在数值模拟中，当只采用一个坐标系来进行数学描写复杂几何形状的物体时，计算难度较大，而且也对于物理模型的简化也有弊端，因此选择多个坐标系对不同的几何形状进行描述就相对比较简单，而且便于计算程序的实现，同时系统的物理模型相对更简单。在本书的计算中采用了两种坐标系（即当地坐标系和系统坐标系）的组合，对不同的部件使用不同的坐标系来进行数学描述，但是这样处理带来的问题是不同的坐标系内的点坐标、方向矢量和表面方程都需要进行相应的坐标转换。

以系统坐标系 $O\text{-}XYZ$ 和当地坐标系 $O^*\text{-}X^*Y^*Z^*$ 为例说明坐标转换之间的关系。在系统坐标系下当地坐标系的原点 O^* 坐标为 (x_0, y_0, z_0)，坐标轴 O^*X^*，O^*Y^*，O^*Z^* 的方向矢量在整个系统坐标系下的方向余弦分别为 $(\cos\alpha_1, \cos\beta_1, \cos\gamma_1)$，

$(\cos\alpha_2, \cos\beta_2, \cos\gamma_2)$ 和 $(\cos\alpha_3, \cos\beta_3, \cos\gamma_3)$，$\alpha_1$，$\beta_1$，$\gamma_1$ 分别为当地坐标系中 O^*X^* 与系统坐标系中坐标轴 OX，OY，OZ 之间的夹角，α_2，β_2，γ_2 分别为当地坐标系中 O^*Y^* 与系统坐标系中坐标轴 OX，OY，OZ 之间的夹角，α_3，β_3，γ_3 分别为当地坐标系中 O^*Z^* 与系统坐标系中坐标轴 OX，OY，OZ 之间的夹角[44,81]。

1）点的坐标转换

设空间任意一点 P 在当地坐标系 $O^*\text{-}X^*Y^*Z^*$ 下的坐标为 (x_p^*, y_p^*, z_p^*)，则 P 在系统坐标系下的坐标 (x_p, y_p, z_p) 的计算如下：

$$\begin{pmatrix} x_p \\ y_p \\ z_p \end{pmatrix} = \begin{pmatrix} \cos\alpha_1 & \cos\alpha_2 & \cos\alpha_3 \\ \cos\beta_1 & \cos\beta_2 & \cos\beta_3 \\ \cos\gamma_1 & \cos\gamma_2 & \cos\gamma_3 \end{pmatrix} \begin{pmatrix} x_p^* \\ y_p^* \\ z_p^* \end{pmatrix} + \begin{pmatrix} x_0 \\ y_0 \\ z_0 \end{pmatrix} \tag{3-7}$$

根据数学知识，因为三个方向余弦向量 $(\cos\alpha_1, \cos\beta_1, \cos\gamma_1)$，$(\cos\alpha_2, \cos\beta_2, \cos\gamma_2)$ 和 $(\cos\alpha_3, \cos\beta_3, \cos\gamma_3)$ 相互之间单位正交，所以根据 P 点在系统坐标系的坐标 (x_p, y_p, z_p)，可以通过下式进行反算得出 P 点在当地坐标系的坐标 (x_p^*, y_p^*, z_p^*)：

$$\begin{pmatrix} x_p^* \\ y_p^* \\ z_p^* \end{pmatrix} = \begin{pmatrix} \cos\alpha_1 & \cos\beta_1 & \cos\gamma_1 \\ \cos\alpha_2 & \cos\beta_2 & \cos\gamma_2 \\ \cos\alpha_3 & \cos\beta_3 & \cos\gamma_3 \end{pmatrix} \begin{pmatrix} x_p - x_0 \\ y_p - y_0 \\ z_p - z_0 \end{pmatrix} \tag{3-8}$$

2）矢量方向余弦的转换

任意矢量 M 在当地坐标系 $O^*\text{-}X^*Y^*Z^*$ 下的方向余弦为 (m_x^*, m_y^*, m_z^*)，那么可以计算在系统坐标下 M 的方向余弦 (m_x, m_y, m_z)[80,147]：

$$\begin{pmatrix} m_x \\ m_y \\ m_z \end{pmatrix} = \begin{pmatrix} \cos\alpha_1 & \cos\alpha_2 & \cos\alpha_3 \\ \cos\beta_1 & \cos\beta_2 & \cos\beta_3 \\ \cos\gamma_1 & \cos\gamma_2 & \cos\gamma_3 \end{pmatrix} \begin{pmatrix} m_x^* \\ m_y^* \\ m_z^* \end{pmatrix} \tag{3-9}$$

同样，假如已知任意矢量 M 在系统坐标系 $O\text{-}XYZ$ 下的方向余弦为 (m_x, m_y, m_z)，那么在当地坐标系下 M 的方向余弦 $(m_x^*,$

m_y^*，m_z^*）可以根据下式确定：

$$
\begin{pmatrix} m_x^* \\ m_y^* \\ m_z^* \end{pmatrix} = \begin{pmatrix} \cos\alpha_1 & \cos\beta_1 & \cos\gamma_1 \\ \cos\alpha_2 & \cos\beta_2 & \cos\gamma_2 \\ \cos\alpha_3 & \cos\beta_3 & \cos\gamma_3 \end{pmatrix} \begin{pmatrix} m_x \\ m_y \\ m_z \end{pmatrix} \tag{3-10}
$$

3）表面方程的转换

任意表面方程在当地坐标系中的标准形式可以表示为：

$$
a_1 x'^2 + a_2 y'^2 + a_3 z'^2 + a_4 x'y' + a_5 x'z' + a_6 y'z' + a_7 x' + a_8 y' + a_9 z' + a_{10} = 0 \tag{3-11}
$$

根据点的坐标转换关系就能计算系统坐标系中的表面方程的标准形式：

$$
b_1 x^2 + b_2 y^2 + b_3 z^2 + b_4 xy + b_5 xz + b_6 yz + b_7 x + b_8 y + b_9 z + b_{10} = 0 \tag{3-12}
$$

式中，a_1，$\cdots$，a_{10}，b_1，$\cdots$，b_{10} 都是参数，根据实际表面计算获得。

4）表面约束方程的转换

如前所述，表面约束方程的形式与表面方程的形式是一样的，因此两者的转换方式完全相同。

3.1.2　计算模型

用蒙特卡洛法数值模拟光线辐射传输特性时，需要把光线传输的整个过程分层次建立不同的概率计算模型，这些过程主要包括：光线传递过程、光线发射过程以及光线与系统表面之间的发射吸收等。根据蒙特卡洛法的求解思想，任一连续随机变量 ξ 在变化区间 $[\xi_{\min}，\xi_{\max}]$ 内的概率分布密度函数为 $\varphi(\xi)$，则该连续变量在取值空间获得任意值 ξ^* 的随机分布函数 R_{ξ^*} 为[77-79]：

$$
R_{\xi^*} = \frac{\displaystyle\int_{\xi_{\min}}^{\xi^*} \phi(\xi)\,\mathrm{d}\xi}{\displaystyle\int_{\xi_{\min}}^{\xi_{\max}} \phi(\xi)\,\mathrm{d}\xi} \tag{3-13}
$$

式(3-13)为随机变量 ξ 以隐函数形式表达的取值分布概率计算

模型。根据式(3-13)可知，对于一个具体的随机数值 $R_{\xi*}$，就可唯一确定一个随机变量值 ξ^*。

根据上述研究思路，下面分别介绍太阳光线发射源点模型、发射方向计算模型、吸收或反射判断方式以及能量统计手段。

1. 光线发射点的概率模型

如前述介绍，本书在数值模拟太阳光线传输过程时，把太阳光线假想为是从某靠近聚光器的表面上发射的。为了真实考虑腔式吸热器对太阳光线的遮挡作用，所以假想发射面的位置位于吸热器的后方，这样可以确保聚光器上的光线是太阳总光线减去吸热器遮挡部分的光线。本书基于公式(3-13)的研究思想推导了旋转抛物面的发射点概率模型。图 3-1 显示了抛物面的物理模型。

抛物面的方程在柱坐标系下可以表示为：$z = \dfrac{r^2}{4p}$（式中 p 为焦距）。对于任意给定的圆周方向随机数，根据公式 $\varphi_0 = 2\pi R_{\varphi}$ 可以确定圆周角坐标。因此，下面主要推导在给定半径方向随机数 R_r 条件下确定发射点半径坐标 r。

抛物面表面发射点分布的概率模型为：

$$R_r = \frac{\displaystyle\int_0^r \sqrt{1 + \left(\frac{\partial f}{\partial r}\right)^2}\, r\mathrm{d}r}{\displaystyle\int_0^{r_0} \sqrt{1 + \left(\frac{\partial f}{\partial r}\right)^2}\, r\mathrm{d}r} = \frac{\displaystyle\int_0^r \sqrt{1 + \left(\frac{r}{2p}\right)^2}\, \mathrm{d}r^2}{\displaystyle\int_0^{r_0} \sqrt{1 + \left(\frac{r}{2p}\right)^2}\, \mathrm{d}r^2} = \frac{\displaystyle\int_0^r \left(1 + \frac{r^2}{4p^2}\right)^{0.5} \mathrm{d}r^2}{\displaystyle\int_0^{r_0} \left(1 + \frac{r^2}{4p^2}\right)^{0.5} \mathrm{d}r^2}$$

$$(3\text{-}14)$$

为了积分方便，令 $t = 1 + \dfrac{r^2}{4p^2}$，当半径在区间 $[0, r_0]$ 变化时，对应的参数 t 的变化范围为 $\left[1, \ 1 + \dfrac{r_0^2}{4p^2}\right]$，则式(3-14)可以改写为：

$$R_r = \frac{\displaystyle\int_0^{1+\frac{r^2}{4p^2}} t^{0.5}\,\mathrm{d}t}{\displaystyle\int_0^{1+\frac{r_0^2}{4p^2}} t^{0.5}\,\mathrm{d}t} = \frac{\left(1 + \dfrac{r^2}{4p^2}\right)^{1.5} - 1}{\left(1 + \dfrac{r_0^2}{4p^2}\right)^{1.5} - 1} \qquad (3\text{-}15)$$

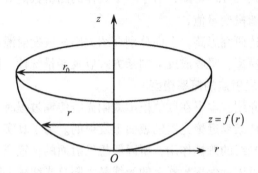

图 3-1　抛物面示意图

将式(3-15)改写为半径 r 的显式，即可根据任意的半径方向随机数 R_r 确定发射点半径坐标，计算方法如下：

$$r = \left\{ \left[\left[R_r \times \left(\left(1 + \frac{r_0^2}{4p^2} \right)^{1.5} - 1 \right) + 1 \right]^{0.667} - 1 \right] \times 4p^2 \right\}^{0.5}$$

（3-16）

2. 光线方向概率模型

天顶角 θ 和圆周角 φ 的概率模型是根据 Lambert 定律获得的，计算式为[37，147]：

$$\theta = \arcsin \sqrt{R_\theta}$$ （3-17）

$$\varphi = 2\pi R_\varphi$$ （3-18）

式中，R_φ 和 R_θ 分别代表圆周角 φ 和天顶角 θ 随机数。

3. 光线吸收或反射的判断

在数值模拟过程中，需要判断光线是被反射还是被吸收。如果光线被反射则还需要判断是漫反射还是镜反射，两者的计算分别采用不同的计算子程序。如太阳光线的反射次数超过 30 次，则可以认为该光线可以忽略不计了，即光线的能量几乎为 0，其他情况需要不断地进行光线跟踪。如果太阳光线被表面吸收，则只需统计光线的数目而不用继续跟踪光线[38]。

4. 各表面光线统计及能量计算

为了统计各表面吸收的光线数量，将太阳能腔式吸热器以及聚光系统看成是由一些特定方程组成的封闭体，并分别采用不同的分区方式对这些表面进行分区处理。如果表面形状为圆形，那么采用轴向和径向结合的分区方式。本书将表面沿径向分为 100 个区，沿圆周方向分为 90 个区。对于原点处，取半径为 0.001mm 的圆作为原点处的分区，这样是为了方便统计。最后分别统计到达各个分区内的光线数并进行累加，即为各表面的总光线数量。如果表面形式为锥台形，那么对于锥体斜面分别采用圆周方向分区和高度方向分区，最后再统计到达各分区的光线数并进行累加。

本系统中焦面或者腔式吸热器任何一个表面 i 所得到的太阳辐射能量计算模型为：

$$q_{foc} = \frac{N_{foc}}{A_{foc}} \times \frac{I}{n} \times 10^{-6} \tag{3-19}$$

$$q_i = \frac{I}{A_i n_s} \times \sum_{j=1}^{N_{foc}} M_i^j \times 10^{-6} \tag{3-20}$$

式中，q_{foc} 为抛物线碟焦面热流值（MW/m²）；q_i 为腔式吸热器内表面任意表面 i 处热流值（MW/m²）；N_{foc} 为太阳光线经抛物线碟反射到焦面处的能量光线数量（束）；A_{foc} 为抛物线碟焦面处的面积（m²）；A_i 为腔式吸热器内表面任意表面 i 处的面积（m²）；$M_i^j = 1$ 为当 j 光线到达第 i 表面，此时取 1，其他取值为 0。

3.1.3 计算程序

本书基于上述理论模型，采用 FORTRAN 95 语言编写碟式太阳能聚光系统的计算程序，该程序能够实现腔式吸热器的结构优化设计、腔式吸热器热流密度分布等计算，程序的流程示意图如图 3-2 所示。

3.1.4 算例分析

1. 发射点分布规律研究

根据公式(3-16)显示的抛物面发射点模型，本节计算了两种不同情况下发射点分布密度规律，第一种是将抛物面投影到平面，第二种是将抛物面直接展开为平面（即按照抛物面截面弧长展开）。

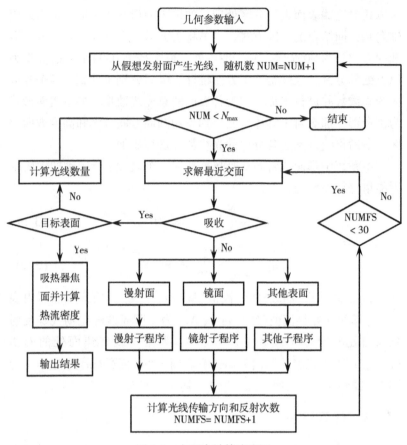

图 3-2　主程序计算流程图

计算中采用的抛物面开口半径为 2600mm（见图 3-1 中的 r_0），抛物面的焦距是 3250mm（见式(3-16)中的 P ）。

图 3-3 显示了将抛物面按照上述两种情况且发射能束光线总量相同时发射点的位置二维分布灰度图。图 3-3（a）显示了将抛物面展开为平面时的发射点规律，此时半径为 2667.5mm，发射点分布相对不均匀；图 3-3（b）显示了直接将抛物面投影到平面时的发射点规律，此时半径为 2600mm，发射点非常不均匀。

根据研究结果可以看出，将抛物面按照整个表面的发射光线数

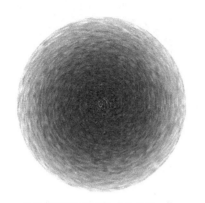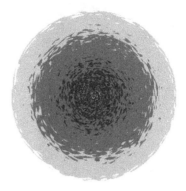

(a)抛物面展开成平面（半径为2667.5 mm）　　(b)抛物面投影到平面（半径为2600mm）

图 3-3　抛物面按照发射能束总量相同时发射点位置分布示意图

量相同来计算二维分布图时，容易产生发射点分布不均匀，产生这种现象的原因是在计算中是将表面划分为若干个单元，然后分别统计发射点的数量(本书将表面沿径向分为 100 个区，沿圆周方向分为 90 个区)，在表面光线总数相同的情况下，单位面积的发射能束数量不一样，所以发射点分布不均匀。因此，下面开展了按照抛物面表面发射光线密度相同的研究。

　　图 3-4 显示了将抛物面按照单位面积发射能束数量相同的条件下数值计算的二维分布灰度图。图 3-4(a) 显示了将抛物面展开为平面时的发射点规律，此时半径为 2667.5mm，发射点分布非常均匀；图 3-4(b) 显示了直接将抛物面投影到平面时的发射点规律，此时半径为 2600mm，发射点分布也很均匀。

　　以数值编程计算得到的图 3-3 和图 3-4 可以看出：若抛物面上各微元面(各微元面面积不相等)发射的能束数相等(见图 3-3)，抛物面上能束发射点相对比较均匀(见图 3-3a)；但是抛物面的投影面上发射点分布明显不均匀，能束发射点向中心聚集(见图 3-3(b))。为了进一步改善其发射点的均匀性，令抛物面的各微元面上单位面积发射的能束数相等，则抛物面上能束发射点非常均匀(见图 3-4(a))，抛物面的投影面上分布也比较均匀(见图 3-4

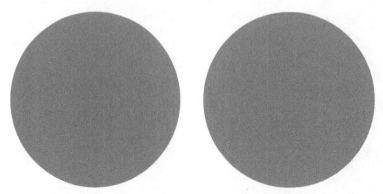

（a）抛物面展开成平面（半径为2667.5mm）(b)抛物面投影到平面（半径为2600mm）

图 3-4　抛物面按照发射能束密度相同时发射点位置分布示意图

（b））。

因此，在本书后续的计算中，都是将太阳光线按照发射光线的密度相同来代替真实太阳，并完成数值计算的。

2. 发射光线数量的研究

太阳光线按照单位面积发射光线数量相同的原则，其发射数量或者抽样数直接决定了数值模拟精度。以下算例以碟式聚光系统焦距为 3000mm，镜面反射率为 0.9，面型误差为 3.5mrad 的模拟对象来计算焦面中心处的热流密度。计算中假想发射面的光线发射数量为 200 根/mm²表示真实值(几乎趋近于真实值)，并计算各种不同光线发射数量下的相对误差。表 3-1 显示了几种不同工况下的数值模拟计算结果和计算时间。

表 3-1　　　　不同光线发射数量下焦点热流计算结果

光线数量（根/mm²）	2	10	20	200
热流值（MW/m²）	12.238	12.159	12.136	12.134
计算时间（s）	2421	12209	25067	265890
相对误差（%）	10.4	0.206	0.02	——

从表 3-1 可以看到，发射光线（或者是抽样数量）越大，计算的准确度越高，但是计算时间也越长。当太阳发射光线为 20 根/mm² 时，焦面辐射热流计算的误差与真实误差之间的差值为 0.02%，基本可以认为此时的计算值就是真实值。因此，在本书后续研究中，将太阳光线的发射密度都确定为 20 根/mm²，这样既能保证计算时间，也能保证数值模拟结果的精度。

3.2 碟式太阳能聚光系统物理模型及参数分析

3.2.1 物理模型

本书基于蒙特卡洛法光线传输模型，结合抛物线碟式聚光系统，数值模拟对象的物理模型如图 3-5 所示。

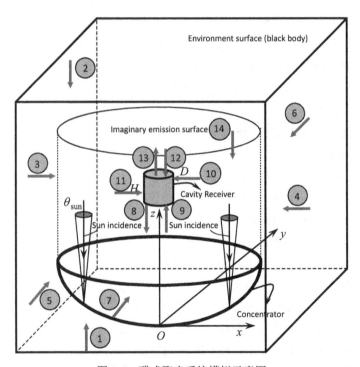

图 3-5 碟式聚光系统模拟示意图

从图 3-5 中可以看到，整个数值模拟对象的物理模型分为 14 个表面，太阳光线从假想发射面发射出来，投射到抛物线碟面上，然后大部分光线通过聚焦后被反射到腔式吸热器，该吸热器放置在抛物线碟面的焦点处，光线进入吸热器后大部分光线被吸收或多次反射后被吸收，少量光线从吸热器开口处逃逸出来。

整个太阳光线的传输都假设在一个很大的封闭空腔里面完成，这个封闭腔是由 6 个表面(表面 1~6)方程组成的一个立方体结构。抛物线碟的表面编号为 7，腔式吸热器的底面为表面 12，圆柱形腔式吸热器的侧表面分为内侧和外侧(表面 10 和表面 11)，这两个表面方程相同，但是法向向量相反，这是为了区别太阳光线是在腔内还是在腔外。同时焦面也假想为两个面，当光线从聚光器入射进吸热器时称为第 8 表面，但是当光线从吸热器中逃逸出来的时候称为表面 9，两者的表面方程也一样，但是法向向量相反。当研究焦面的热流分布规律时，统计结果显示的就是表面 8 的光线数量和分布特征。假想发射面的表面编号为 14。

在数值编程计算中，系统由 14 个表面组成，图中腔式吸热器以圆柱形腔式吸热器为例，当腔式吸热器形状发生改变时，需要重新给出表面方程。每个表面方程的表达式分别对应于图 3-5 中编号，具体如下：

面 1：$z + 11000 = 0$

面 2：$z - 11000 = 0$

面 3：$y + 11000 = 0$

面 4：$y - 11000 = 0$

面 5：$x - 11000 = 0$

面 6：$x + 11000 = 0$

面 7：$x^2 + y^2 - 13000z = 0$

面 8：$z - 3250 = 0$(法向为$(0, 0, -1)$)

面 9：$z - 3250 = 0$(法向为$(0, 0, 1)$)

面 10：$x^2 + y^2 - 10000 = 0$(法向为$(-1, -1, -1)$)

面 11：$x^2 + y^2 - 10000 = 0$(法向为$(1, 1, 1)$)

面 12：$z - 260 = 0$(法向为$(0, 0, -1)$)

面 13：$z - 260 = 0$(法向为$(0,0,1)$)

面 14：$z - 5000 = 0$(法向为$(0,0,-1)$)

在数值模拟过程中，碟式太阳能聚光系统是影响太阳光线聚集品质的主要因素，直接关系到后续吸热器的光热转换效率。本书数值模拟过程中采用的碟式聚光系统的设计基本参数如表 3-2 所示。从上述物理模型可以看出，抛物线碟式系统是按照单一碟面进行处理的，但是实际过程中由于涉及加工、安装及产业化问题等，抛物线碟面可能是由一系列镜面按照特定函数分布规律设计，这类系统也称为多碟太阳能聚光系统。多碟太阳能聚光系统的优点是：可以根据具体需求设计不同的碟面，而且安装方便，子碟加工简单。缺点是：这类系统不具有推广性，每个碟面都具有不同的几何参数特性，数值模拟程序工作量大，并且精度很难保证，子碟安装难度大，误差分析较难。

表 3-2 碟式聚光系统的设计参数

名　称	单位	数值
碟式聚光系统的焦距	mm	3250
碟式聚光系统的半径	mm	2600
碟式聚光系统的高度	mm	520
每块镜面的直径	m	1.05
系统误差	mrad	0
碟式聚光系统的反射率	—	0.9

本书根据图 3-2 显示的程序示意图，基于 Fortran 语言编写了两套数值模拟程序，分别计算单碟和多碟聚光系统腔式吸热器的热流分布，两套程序都基于蒙特卡洛法思想，不同之处在于镜面的法线特征和局部坐标。单碟聚光系统数值模拟是以表 3-2 显示的参数进行模拟的，多碟聚光系统是以图 3-6 所示的多碟聚光系统为参数

进行模拟计算的。从图 3-6 可以看到，该多碟聚光系统由 16 个子碟组成，每个子碟的坐标及倾斜角度见表 3-3。为了实现计算结果的普适性，本书引入了无量纲热流 Θ，其定义为腔式吸热器表面热流值与太阳辐射强度的比值。计算过程中，腔式吸热器的开口直径为 200mm，高度为 260mm，太阳辐射强度为 1100W/m²。

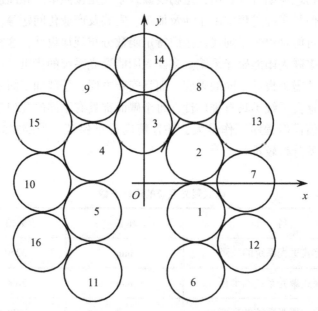

图 3-6　哈尔滨工业大学的多碟聚光系统位置示意图

3.2.2　单碟与多碟系统的影响

本书分析了单碟与多碟聚光系统腔式吸热器热流分布的影响。图 3-7 显示了单碟和多碟系统腔式吸热器表面热流密度值和无量纲热流之间的对比计算结果，从图中可以看到，单碟与多碟的热流分布规律几乎完全相同，差别在于最大热流出现的位置，多碟系统的最大热流出现在 120mm，而单碟系统的最大热流出现在 127mm，两者吻合较好。

表 3-3   **抛物线碟式聚光系统的设计参数**

编号	中心点坐标（mm）	x' 与系统坐标轴夹角（°）	y' 与系统坐标轴夹角（°）	z' 与系统坐标轴夹角（°）
1	(1196,−690.7,302)	(10.67,90.0,79.33)	(90,6.21,96.21)	(100.67,83.79,12.51)
2	(1196,690.7,302)	(10.67,90.0,79.33)	(90,6.21,83.79)	(100.67,96.21,12.51)
3	(0,1381.45,302)	(0,90,90)	(90,12.27,77.73)	(90,102.27,12.27)
4	(−1196,690.7,302)	(10.67,90.0,100.67)	(90,6.21,83.79)	(79.33,96.21,12.51)
5	(−1196,−690.7,302)	(10.67,90.0,100.67)	(90,6.21,96.21)	(79.33,83.79,12.51)
6	(1087,−1883,784)	(10.67,90.0,79.33)	(90,17.09,107.09)	(100.07,72.91,19.65)
7	(2174.5,0,784)	(19.54,90.0,70.46)	(90,0,90)	(109.54,90,19.54)
8	(1087,1883,784)	(10.07,90,79.93)	(90,17.09,72.91)	(100.07,107.09,19.65)
9	(−1087,1883,784)	(10.07,90,100.07)	(90,17.09,72.91)	(79.93,107.09,19.65)
10	(−2174.5,0,784)	(19.54,90.0,109.54)	(90,0,90)	(70.46,90,19.54)
11	(−1087,−1883,784)	(10.07,90,100.07)	(90,17.09,107.09)	(79.93,72.91,19.65)
12	(2117.4,−1222.5,1013)	(19.37,90,70.63)	(90,11.48,101.48)	(109.37,78.52,21.85)
13	(2117.4,1222.5,1013)	(19.37,90,70.63)	(90,11.48,78.52)	(109.37,101.48,21.85)
14	(0,−2445,1013)	(0,90,90)	(90,22.09,67.91)	(90,112.09,22.09)
15	(−2117.4,1222.5,1013)	(19.37,90,109.37)	(90,11.48,78.52)	(70.63,101.48,21.85)
16	(−2117.4,−1222.5,1013)	(19.37,90,70.63)	(90,11.48,101.48)	(70.63,78.52,21.85)

为了验证计算结果，本书从光线传输的几何特性出发，理论推导了最大热流出现的位置，计算过程及结果如下：

$$L = \frac{D}{2} \times \frac{P - L_{\text{con}}}{r_{\text{con}}} = \frac{200}{2} \times \frac{3250 - 520}{2600} = 125(\text{mm}) \quad (3\text{-}21)$$

式中，L 为腔式吸热器最大辐射热流出现的位置（mm）；D 为腔式吸热器开口直径（mm）；P 为碟式系统焦距（mm）；r 为碟式系统开口半径（mm）。

根据式（3-21），可知理论推导的最大辐射热流出现的位置在125mm，与单碟或者多碟系统的误差几乎可以忽略。为了实现规律

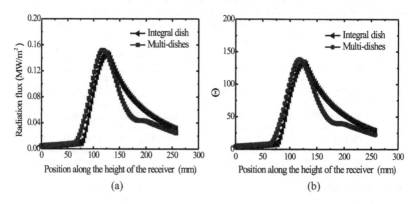

图 3-7　腔式吸热器热流密度和无量纲热流的计算结果

化推广应用和减小计算工作量，可以将本书的多碟太阳能聚光系统等效为单碟太阳能聚光系统处理，需要注意的是两者的等效聚光面积一样。因此，在本书后续的研究中，数值模拟计算过程都是按照单碟聚光系统处理。

3.2.3　镜面光谱反射率影响

上述数值模拟过程中采用的镜面反射率为 0.9，但实际上不同太阳光谱下反射率不同，因此，本书结合表 2-1 大气辐射的 12 个谱带模型，实验测试了碟式镜面系统的光谱反射率，并分析了光谱反射率对总发射率的影响，通过研究为后续数值模拟和实验测试的准确性提出基础参数。

图 3-8 显示了哈尔滨工业大学能源科学与工程学院的光谱反射率的测试仪器，为 UV3101PC UV-VIS-NIR 分光光度计，仪器的技术参数及指标分别为：波长变化范围 $0.2 \sim 3.2 \mu m$，波长的分辨率 $0.0001 \mu m$，吸光度范围 $-4 \sim 5 Abs$，透射率 $0 \sim 99.9\%$，吸光度测量精度为 $\pm 0.004 Abs$ 或 $\pm 0.1\% T$，杂散光 0.00008%（$0.220 \mu m$ 处）。

图 3-9 显示了光谱反射率的测试结果。从图中可以看到，不同光谱的反射率变化较明显，特别是当波长变化范围为 $0.3 \sim 0.5 \mu m$ 时，光谱的反射率急剧增加，但是当波长大于 $0.5 \mu m$ 后，光谱反

射率变化较小。

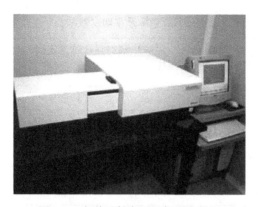

图 3-8　光谱反射率测试仪器实物图

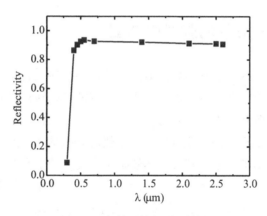

图 3-9　光谱反射率测试结果

　　根据图 3-9 测试的光谱反射率结果，并考虑太阳光谱的主要辐
射强度集中在 $0.2 \sim 2.2\mu m$ 波长范围内（见表 2-2 计算结果），本书
计算光谱变化范围为 $0.2 \sim 2.2\mu m$ 的平均反射率。表 3-4 显示了不
同谱带内的反射率及平均反射率的计算结果（只给出了 5 个谱带的
计算结果，其他 7 个谱带的结果可忽略）。根据计算结果可知，在
太阳光谱范围内，碟式聚光器镜面的平均反射率为 0.9053，因此，
本书后续的数值模拟和实验都是以镜面反射率为 0.9 标准计算，而

不用考虑光谱的反射率影响。

表 3-4　　　　　　　　　谱带反射率及平均发射率

谱带	光谱反射率	光谱辐射强度所占比例	平均反射率
0.2~0.5	0.8635	0.1883	0.162597
0.5~0.8	0.9257	0.3775	0.349452
0.8~1.25	0.9238	0.2892	0.267163
1.25~1.59	0.9201	0.1027	0.094494
1.59~2.22	0.9121	0.0347	0.03165
0.2~2.22	—	—	0.9053

3.3　不同形状的腔式吸热器

　　太阳能腔式吸热器是太阳能光热转换的直接设备，吸热器的结构会直接影响太阳光线的聚集品质和系统的光热转换热效率，目前常用的腔式吸热器形状主要有长方形、球形、圆柱形、梯形等几种形状。从数值模拟的角度看球形对于热流分布是最好的，但是考虑实际加工制造的难度，球形吸热器很难实现，特别是在球形腔式吸热器布置小管径的螺旋盘管非常困难，目前已经用于真实实验测量中的吸热器几乎没有采用球形的。由于碟式太阳能系统有高聚光比，能产生高温或者局部高温，因此对吸热器的要求特别高，既要保证吸热器能完成高效光热转换，同时也要保证安全及使用寿命等问题。本书以现有文献的研究成果为基础，结合本实验台和模拟对象的特点，首先基于等高度等面积法和等开口等面积法设计了锥台形、倒立锥台形、圆柱形、圆锥形 4 种不同形状的腔式吸热器结构，具体结构如图 3-10 所示；然后分别计算不同形状的腔式吸热器在不同的结构参数条件下的辐射热流分布规律，为碟式太阳能聚光系统腔式吸热器的优化设计提出基础。

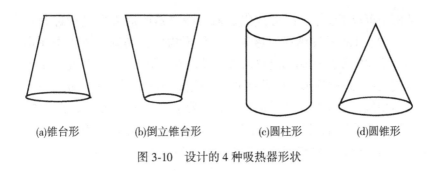

(a)锥台形   (b)倒立锥台形   (c)圆柱形   (d)圆锥形

图 3-10　设计的 4 种吸热器形状

3.3.1　等高度等面积法

　　腔式吸热器形状确定后，需要对具体参数进行设计。在本书设计过程，提出了腔式吸热器的设计第一原则：为了能够对比不同吸热器之间的辐射热流分布特征，合理控制吸热器的重量和材料消耗量，设计中保证各种不同形状腔式吸热器的表面面积相同，即等高度等面积法的原则。

　　4 种不同形状的腔式吸热器的结构参数如表 3-5 所示。从表中可以看到，本书为了对比分析不同形状的腔式吸热器热流分布特征，基于等高度等面积法设计的 4 种不同吸热器表面积都一样（$0.163m^2$）。为了研究不同形状的腔式吸热器热流分布规律，在数值模拟过程中，太阳辐射强度保持为 $1100W/m^2$，各种工况下的系统误差都假设为 0mrad。

表 3-5　　　　　　　　　　　　　　吸热器的设计参数

吸热器形状	高度/mm	底面半径/mm	顶面半径/mm
锥台形	260	120	78
倒立锥台形	260	78	120
圆柱形	260	100	100
圆锥形	260	168	0

　　图 3-11 显示了不同形状腔式吸热器的热流分布规律计算结果。

从图中可以看到：（1）腔式吸热器沿吸热器圆周方向是对称分布
的；（2）圆锥形吸热器的热流分布最不均匀，热流主要集中在顶
部，这样容易造成局部过热而影响吸热器的使用寿命及安全，不推
荐使用；（3）圆柱形和两种锥形台的热流分布区别不大，分布特征
基本相似，但是如果开口面积过大，容易产生更大的对流热损失，
如果吸热器底端过大，则遮挡太阳光线越多，并且考虑到制造难
度，圆柱形腔式吸热器相对简单并且容易实现螺旋盘管的加工，同
时圆柱形吸热器对于实验测试、安装、维修等都较为有利。

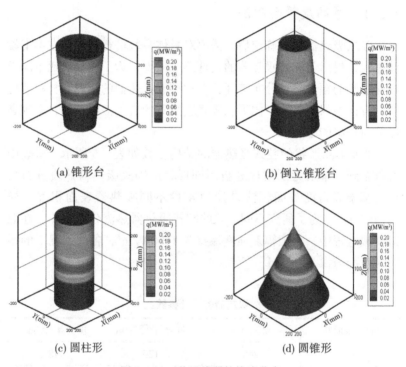

(a) 锥形台　　　　　　　　　　　　(b) 倒立锥形台

(c) 圆柱形　　　　　　　　　　　　(d) 圆锥形

图 3-11　4 种吸热器的热流分布

3.3.2　等开口等面积法

本书腔式吸热器设计过程中提出另一种设计方法，即等开口等
面积法：保证 4 种不同形状的腔式吸热器面积和开口半径相同。4 种

不同形状的腔式吸热器的结构参数如表3-6所示。基于等开口等面积法设计的4种不同吸热器表面积也都一样(0.163m²)。为了研究不同形状的腔式吸热器热流分布规律，同样在数值模拟过程中，太阳辐射强度保持为1100W/m²，各种工况下的系统误差都假设为0mrad。

表3-6 吸热器的设计参数

吸热器形状	高度/mm	底面半径/mm	顶面半径/mm
锥台形	235	100	120
倒立锥台形	285	100	80
圆柱形	260	100	100
圆锥形	510	100	0

图3-12显示了不同形状腔式吸热器的热流分布规律计算结果。

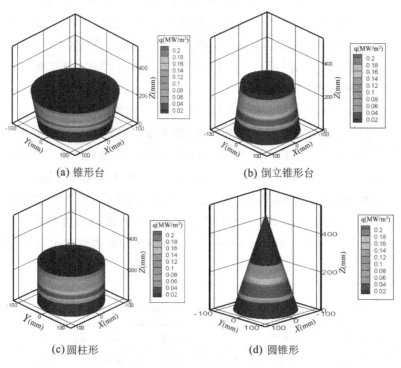

(a) 锥形台

(b) 倒立锥形台

(c) 圆柱形

(d) 圆锥形

图3-12 4种吸热器的热流分布

从图中可以看到：（1）腔式吸热器沿吸热器圆周方向是对称分布的；（2）圆锥形吸热器的热流分布最不利，热流主要集中在中部，上部和下部几乎没有热流，这样也容易造成局部过热；（3）倒立锥台形的热流在顶端热流很小，而锥台形的热流明显小于圆柱形。

综上所述，通过等高度等面积法和等开口等面积法计算的腔式吸热器热流分布结果显示，圆柱形吸热器性能最好，因此，本书后续研究都以圆柱形太阳能腔式吸热器为研究对象。

3.4　材料特性对吸热器热流密度的影响

众所周知，太阳能腔式吸热器的形状确定之后需要采用光学材料进行设计、加工、制造。关于吸热器材料的光学特性已有部分报道，主要是体现单一材料的光学特性研究和制备，但是材料光学特性对辐射热流分布及光热转换效率尚未见到相关报道，目前应用在碟式太阳能系统中的腔式吸热器最常用的材料是铜[156-161]，流体工质通过一进一出从吸热器中带走热量。采用铜作为制造材料的重要原因是铜的热传导性好，而且易于加工成各种样式（包括螺旋管式），同时经济性也较好。

本书在相关文献的研究基础上，以5种材料（不锈钢、铜、陶瓷、铝、涂黑漆层的钢）的光学特性作为基本参数来数值模拟热流密度分布规律，获取材料光学特性对热流分布的影响尺度。在数值模拟过程中，太阳辐射强度为 $1100W/m^2$，腔式吸热器为圆柱形，高度为 260mm，底面半径为 100mm，其他误差（系统误差、镜面误差等）都假设为 0mrad。腔式吸热器热流密度数值模拟过程中的材料在太阳光谱下的光学特性（吸收率、反射率和穿透率之和为1）见表 3-7。

表 3-7　　　　　　　　5 种材料的光学特性

光学特性	不锈钢	铜	陶瓷	铝	涂黑漆层的钢
吸收率（α）	0.5	0.65	0.83	0.93	0.97

续表

光学特性	不锈钢	铜	陶瓷	铝	涂黑漆层的钢
反射率(ρ)	0.5	0.35	0.17	0.07	0.03
穿透率(τ)	0	0	0	0	0

图 3-13 显示了 5 种不同材料腔式吸热器的热流分布规律,从图中可以看到:(1)材料光学特性对吸热器的热流分布影响较大,涂黑漆层的钢制吸热器热流最大,这主要是由于该材料具有最大的吸收率,当太阳光线投射到吸热器上时,被吸收的光线最多;(2)5 种材料的最大辐射热流分别为:不锈钢 $0.128MW/m^2$,铜 $0.155MW/m^2$,陶瓷 $0.191MW/m^2$,铝 $0.208MW/m^2$,涂黑漆层的钢 $0.216MW/m^2$;(3)对于各种材料,热流分布沿圆周方向都是对称分布的。

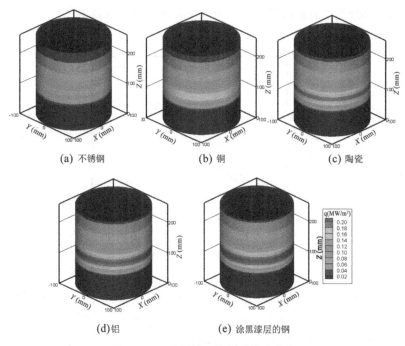

(a) 不锈钢　　　　　　(b) 铜　　　　　　(c) 陶瓷

(d) 铝　　　　　　(e) 涂黑漆层的钢

图 3-13　5 种材料吸热器的热流分布

　　根据数值模拟结果，最大辐射热流值与吸收率之间变化曲线如图 3-14 所示，该图显示了最大辐射热流随材料吸收率基本呈线性增加的变化。图 3-15 显示了 5 种材料对吸热器热流分布的影响。从图 3-15 中可以得到：（1）各曲线的变化趋势都非常相似。（2）沿高度方向，最大辐射热流出现在高度为 127mm 处，也就是吸热器的中间位置。辐射热流整体上从底面（吸热器的开口处）往上是逐渐增加的，到达中间最大值后开始减小，一直到顶端（也就是吸热器的最高点）。（3）吸热器热流在高度为 80mm 处变化梯度最大，这主要是因为底面几乎没有光线投射到，这也说明了该太阳能聚光系统在太阳光线进入腔式吸热器的方向特征，同时也显示了进入吸热器的光线中有部分光线被反射到 80～127mm，因此在该处辐射热流变化较大。（4）最大热流出现在 127mm 处说明了太阳光线经过碟式聚光系统聚光后，在进入吸热器时是直接投射到吸热器的中间处，而吸热器的吸收率一般都较大（大于 0.5 甚至接近 1），所以很大一部分光线直接被吸收而没有发生反射或者多次反射。

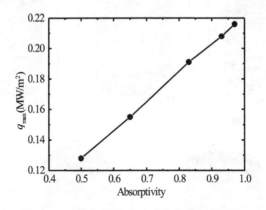

图 3-14　最大辐射热流随吸收率的变化规律

　　从上述数值模拟的结果来看，材料的吸收率越大，最大辐射热流值就越大，相应的总吸热量也最大。但是从材料的制备、加工等方面来看，铜管是最经济、最方便的材料，这是工程及实验加工过程中的首选材料。因此本书后续研究都以铜作为吸热器的材料。

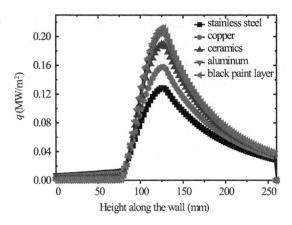

图 3-15　5 种材料对吸热器热流分布的影响

3.5　腔式吸热器高径比优化

腔式吸热器在确定形状和材料以后，需要对腔体结构进行优化设计。本书以圆柱形铜制空心吸热器作为研究对象，数值模拟吸热器在不同高度情况下（吸热器底面直径为常数）的腔内表面热流分布规律。

腔式吸热器的高径比定义为腔体的高度与底面直径之间的比值，其数学表达式为：

$$AR = \frac{H}{D} \qquad (3\text{-}22)$$

式中，AR 为腔式吸热器的高径比；H 为腔式吸热器的高度，单位为 mm；D 为腔式吸热器的底面直径，单位为 mm。

为了研究辐射热流随腔体高径比之间的变化规律，可以采用两种方法：第一种方法是假定吸热器底面直径不变，而高度随高径比变化；第二种方法是假定吸热器高度不变，而底面直径随高径比变化。很明显第一种方法较好，这是因为改变底面直径会影响各种工况的对流热损失（特别是风速引起的吸热器开口面的强制对流换热）和吸热器遮挡太阳光线的面积。因此在本书研究中假定吸热器底面直径恒为 200mm，这样当高径比的变化范围为 0.5、0.7、0.9、1.1、1.3、1.5 时，相应的吸热器的高度分别为 100mm、140mm、180mm、220mm、260mm、300mm。在数值模拟过程中，太阳辐射强度仍然保持为 1100W/m²，其他误差都不考虑，均假设为 0mrad。

图 3-16 显示了高径比为 0.5 时吸热器腔内热流三维分布规律和无量纲热流示意图。从图中可以看到，最大的辐射热流为 0.1MW/m²，最大无量纲热流为 100。

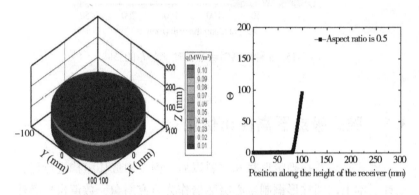

图 3-16　高径比为 0.5 时腔内热流三维分布图和无量纲热流示意图

图 3-17 显示了高径比为 0.7 时吸热器腔内热流三维分布规律

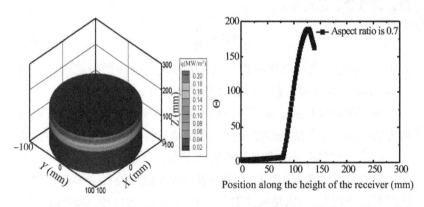

图 3-17　高径比为 0.7 时腔内热流三维分布图和无量纲热流示意图

和无量纲热流示意图。从图中可以看到，此时无量纲热流已经趋近200，分布趋势与高径比为 0.5 完全一样。

图 3-18～图 3-21 分别显示了高径比为 0.9、1.1、1.3、1.5 时吸热器腔内热流三维分布规律和无量纲热流示意图。从图中可以看到，最大无量纲热流都一样，变化趋势也完全相同，即先增加到中间位置(约 127mm 处)然后再逐渐减小。从图 3-16～图 3-21 中可以看到，当高径比为 0.5 的时候，最大辐射热流或者最大无量纲热流最小，出现这种现象的原因是当腔式吸热器的高径比相对较小，即高度为 100mm 时，大部分光线是分散聚集的，不像其他几种情况都是直接集中聚集到中间位置，而且高度太小会导致部分光线更容易从吸热器中反射出来，这样系统的有效吸热量最小。

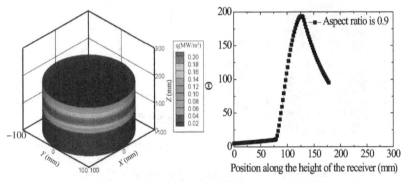

图 3-18   高径比为 0.9 时腔内热流三维分布图和无量纲热流示意图

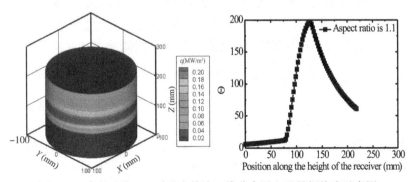

图 3-19   高径比为 1.1 时腔内热流三维分布图和无量纲热流示意图

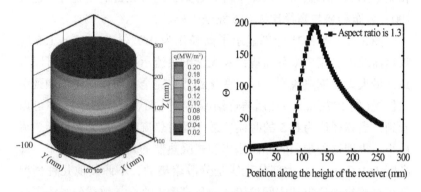

图 3-20 高径比为 1.3 时腔内热流三维分布图和无量纲热流示意图

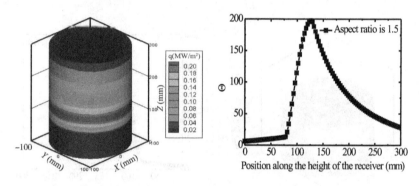

图 3-21 高径比为 1.5 时腔内热流三维分布图和无量纲热流示意图

为了定量研究不同高径比条件下腔式吸热器的总吸热量, 采用 Origin 8.0 计算软件拟合辐射热流的计算公式。根据数值模拟曲线图, 拟合的总热流与吸热器高度的计算关系式如下:

$$Q_{\text{total}} = 2\pi \times 0.1 \times \left[\int_{0}^{80} (ax + b) \, \mathrm{d}x + \int_{80}^{H} (c + d \times \sin(ex - f)) \, \mathrm{d}x \right]$$

$$(3-23)$$

式中, Q_{total} 为腔式吸热器的总吸热量, 单位为 kW; H 为腔式吸热器的高度, 变化范围为 100~300mm; a, b, c, d, e, f 分别为 0.000095, 0.006594, 0.11253, 0.07273, 0.036, 3.423。

根据上述拟合公式, 腔式吸热器总吸热量的真实值与拟合曲线计算值之间的误差为 0.5%，详细计算结果见表 3-8。

表 3-8   不同高径比条件下的主要计算结果

AR	H/mm	Q_{total}/kW	$Q_{loss,conv}$/kW	$T_{sur} - T_{amb}$/℃
0.5	100	1.94	0.194	321.3
0.7	140	4.76	0.476	475.9
0.9	180	7.59	0.759	553.3
1.1	220	10.42	1.042	610.2
1.3	260	13.34	1.334	635.4
1.5	300	15.07	1.507	644.2

从表 3-8 中可以看出，腔式吸热器总吸热量随着高径比的增加而增加，但是吸热器的热流损失也会随着增加，吸热器获得的有效吸热量——总吸热量与总热损失（导热损失和对流热损失之和）之间的差值存在一个最优值。为了获得优化合理的吸热器高径比，根据相关文献的研究成果，简化研究难度，在分清主要问题和次要问题的基础上，本书研究过程中都不考虑吸热器的导热损失，这是因为导热损失通常只占总吸热量的 2%以下，从数量的角度看，考虑导热损失没有意义。关于对流热损失的研究分两种，一种是吸热器腔体高度不变时，只改变外界环境工况和模拟工况，这种条件下对流热损失通常占总吸热量的 10%左右[63]。因此只要知道腔式吸热器的总吸热量，就可以计算吸热器的对流热损失。另一种是吸热器结构发生改变，这种情况就需要建立对流热损失与吸热器高度之间函数关系来计算。本书正是基于此研究思路开展研究的，首先确定腔式吸热器表面总辐射吸热量，然后根据参考文献[63]的结论确定对流热损失（不考虑吸热器工质带出能量），其计算结果见表 3-8。但是当吸热器的高度发生变化时，对流热损失与吸热器高度之间的变化关系可以采用如下计算公式[67]：

$$Q_{loss,\ conv} = 0.81 \times (T_{sur} - T_{amb})^{1.426} \times 2\pi \times 0.1 \times H \times 10^{-6}$$

$$(3-24)$$

式中，$Q_{loss, conv}$　为吸热器的对流热损失，单位为 kW；$T_{sur} - T_{amb}$ 为吸热器表面与大气环境之间的温差，单位为 K。

　　基于上述公式，对于给定吸热器高度和热损失后，就可以计算各种高径比条件下的温差值。以高径比 0.5 为例说明计算过程，吸热器高度 100mm，总热损失 1.94kW，对流热损失 0.194kW，温差为 321.3K。其他 5 种工况的计算方法一样，计算结果见表 3-8。从表中最后一列可以看出，当高径比增加到 1.3 以后，温差变化较小，为了定量研究对流热损失与吸热器高度之间的函数关系，本书的研究中可以合理假定温差恒为 630K（腔内表面温度且没有流体），这样对流热损失与吸热器的高度之间的函数关系就建立了。实际工程和科学研究中最关心的是吸热器的有效吸热量（即总吸热量和对流热损失之间的差值，这里不考虑导热损失），这也是太阳能高效利用的关键因素。因此，通过上述研究，可以建立吸热器有效吸热量与腔式吸热器高度之间的函数关系：

$$
\begin{aligned}
Q_{eff} &= Q_{total} - Q_{loss, conv} \\
&= 2\pi \times 0.1 \left[\int_0^{80} (ax + b)\, dx + \int_{80}^H [c + d\sin(ex - f)]\, dx \right] \\
&\quad - 0.81 \times 630^{1.426} A_{sur} \\
&= 0.628 \left\{ \int_0^{80} (0.000095x + 0.006594)\, dx \right. \\
&\quad + \left. \int_{80}^H [0.00253 + 0.07273\sin(0.036x - 3.423)]\, dx \right\} \\
&\quad - 0.81 \times 630^{1.426} \times 0.628 \times H \times 10^{-6} \\
&= 0.065H - 1.256 \times \cos(0.036H - 3.423) - 4.396
\end{aligned}
$$

$$(3-25)$$

式中，Q_{eff} 为吸热器的有效吸热量，单位为 kW。

　　吸热器最优的高径比也就是代表吸热器有效吸热量最大。以公式(3-25)为基础，采用试算法求解有效吸热量的最大值，此时吸热器高度就是最优高度，也代表了最优的高径比。计算结果表明，当吸热器高度大于 260mm 时，吸热量的变化已经不大了，因此本书确定最优的吸热器高度为 260mm，即最优的吸热器高径比为 1.3。

3.6 本章小结

本章数值模拟了腔式吸热器的结构优化和设计研究，具体结论如下：

(1)建立了蒙特卡洛法求解模型，并针对碟式太阳能聚光系统，给出了数值模拟对象的物理模型，建立了系统各部件表面的数学描述，数值模拟了旋转抛物面发射点分布规律，分析了单碟与多碟太阳能聚光系统对腔式吸热器热流密度和无量纲热流的影响，确定了碟式聚光系统的设计参数。

(2)基于等高度等面积法和等开口等面积法设计了锥形台、倒立锥形台、圆柱形、圆锥形4种不同形状的腔式吸热器，并进行了腔内热流密度场分布特征的研究。研究结果表明，圆柱形腔式吸热器热流分布均匀且加工制造、维修方便，推荐使用。

(3)考虑腔体材料的光学特性，给出了辐射热流随5种材料不同光学特性的变化规律。研究发现材料的光学特性对吸热器热流密度分布趋势没有影响，但是对热流密度值有很大影响。此外，研究发现最大辐射热流值随材料吸收率基本呈线性增加的变化规律。

(4)研究了6种不同高径比(分别为0.5、0.7、0.9、1.1、1.3、1.5)条件下腔式吸热器的热流密度及无量纲热流的分布规律，并基于研究结果建立了吸热器总吸热量与吸热器高度之间的本构方程，同时以腔式吸热器获取最大有效吸热量(总吸热量与对流热损失之间的差值)为目标函数，优化研究，提出了太阳能腔式吸热器最优的高径比，为吸热器的优化设计提供参考。

第4章 腔式吸热器热流密度场研究

腔式吸热器的热流分布规律及特征是太阳能高效光热转换的关键参数，会直接影响系统的总吸热量和吸热器的安全使用等，特别是对于预防局部过热、热应力及损伤等能起到重要的预测和定量作用。本章基于前两章的研究成果，以圆柱形腔式吸热器为研究对象，研究碟式聚光系统的焦距对于腔式吸热器热流分布的影响；基于碟式聚光系统焦面热流分布对于后续吸热器热流研究和聚光系统的设计优化有重要影响，研究碟式聚光系统焦面热流分布和光斑特征；数值模拟5种不同太阳辐射强度对腔式吸热器热流的影响；研究6种不同系统误差对腔式吸热器热流的影响并基于研究结果建立腔式吸热器总吸热量的计算模型。

4.1 碟式聚光系统焦距对太阳光线聚集品质的影响

本书第3章中的数值模拟对象是以碟式太阳能聚光系统实验台参数为基础的，碟式聚光系统的焦距为3250mm，数值模拟中发现腔式吸热器的最大热流出现在腔体的中间位置，这可能与光线通过碟式聚光后反射进入吸热器的方向有关，因此理论开展针对碟式聚光系统焦距对太阳光路传输和光线聚集品质(包括聚集光线的方向和聚集光线的数量)的影响具有重要意义。确定太阳光线进入吸热器后的第一个接触表面和位置，此处通常也是辐射热流最大值位置，这是因为吸热器表面的吸收率普遍较大，同时焦距对于太阳光线的聚集品质特别是光斑直径有直接影响。本节主要通过改变碟式聚光系统的焦距，研究太阳光线聚集品质和光斑特性，为今后碟式聚光系统的设计优化提供支持。通常，可以将碟式聚光系统看做是一个典型的抛物面，其数学方程为：

$$x^2 + y^2 = 4pz \qquad (4-1)$$

式中，p 为抛物面的焦距，单位为 mm。

碟式聚光系统焦距的改变直接会改变碟式抛物面系统的高度和开口直径，而腔式吸热器开口面始终放置在碟式聚光系统的焦面位置，并且焦面光斑直径通常作为腔式吸热器开口直径设计的依据。因此，为了比较焦距变化对光路传输的影响，在本节的研究中假设太阳辐射强度（1100W/m²）和吸热器的结构不变（高度为 260mm，底面直径为 200mm），碟式聚光系统的焦距变化值为 2500mm、3250mm、4000mm。通过第 3 章建立的数学模型，改变系统各表面的数学方程及原点坐标变化，然后进行数值模拟研究。

表 4-1 和表 4-2 分别显示了焦距为 2500mm 和 4000mm 时各表面方程的系数、法向方向和坐标变化特点（焦距变化时表面 1~6 的方程与焦距为 3250mm 相同，见 3.2 节，表中只列出表面 7~14 的方程系数）。

表 4-1 　　　　　　　　**焦距为 2500mm 时各表面方程系数**

表面	C_1	C_2	C_3	C_4	C_5	C_6	C_7	C_8	C_9	C_{10}	备注（法向、坐标变换）
7	1	1	0	0	0	0	0	0	−10000	0	
8	0	0	0	0	0	0	0	0	1	−2500	(0,0,1)
9	0	0	0	0	0	0	0	0	1	−2500	(0,0,−1)
10	1	1	0	0	0	0	0	0	0	−10000	(−1,−1,−1),(0,0,2500)
11	1	1	0	0	0	0	0	0	0	−10000	(1,1,1),(0,0,2500)
12	0	0	0	0	0	0	0	0	1	−260	(0,0,2500)
13	0	0	0	0	0	0	0	0	1	−260	(0,0,2500)
14	0	0	0	0	0	0	0	0	1	−260	(0,0,2500)

表 4-2　　　　　　　　焦距为 **4000mm** 时各表面方程系数

表面	C_1	C_2	C_3	C_4	C_5	C_6	C_7	C_8	C_9	C_{10}	备注（法向、坐标变换）
7	1	1	0	0	0	0	0	0	-16000	0	
8	0	0	0	0	0	0	0	0	1	-4000	$(0,0,1)$
9	0	0	0	0	0	0	0	0	1	-4000	$(0,0,-1)$
10	1	1	0	0	0	0	0	0	0	-10000	$(-1,-1,-1),(0,0,4000)$
11	1	1	0	0	0	0	0	0	0	-10000	$(1,1,1),(0,0,4000)$
12	0	0	0	0	0	0	0	0	1	-260	$(0,0,4000)$
13	0	0	0	0	0	0	0	0	1	-260	$(0,0,4000)$
14	0	0	0	0	0	0	0	0	1	-260	$(0,0,4000)$

图 4-1 显示了不同焦距（分别为 2500mm，3250mm，4000mm）条件下焦面光斑特性及热流分布规律。

从图 4-1 中可以看出，该碟式聚光系统的光斑为圆形，焦距越大，光斑半径越大。当碟式聚光系统焦距为 2500mm 时，焦面光斑直径为 22.4mm，焦面光斑的辐射热流为 30.46MW/m²；当碟式聚光系统焦距为 3250mm 时，焦面光斑直径为 30.0mm，焦面光斑的辐射热流为 21.8MW/m²；当碟式聚光系统焦距为 4000mm 时，焦面光斑直径为 37.0mm，焦面光斑的辐射热流为 18.58MW/m²。

图 4-2 显示了碟式聚光系统不同焦距条件下腔式吸热器表面热流分布规律。从图中可以看出，当聚光系统焦距为 2500mm 时，最大辐射热流出现在吸热器高度为 60mm 处，当碟式聚光系统焦距为 3250mm 时，最大辐射热流出现在吸热器高度为 127mm 处，当碟式聚光系统焦距为 4000mm 时，最大辐射热流出现在吸热器高度为 160mm 处。从图 4-2 中也可以看出，随着焦距的增加，最大辐射热流值位置沿吸热器高度方向是增加的。这说明太阳光线经过碟式聚光系统反射后，进入吸热器的时候一次投射到该位置处，大部分光线直接吸收，有少量的光线经过一次或者多次反射再被其他地方吸收。在设计制造吸热器的时候，辐射热流最大处需要采用耐高温材料以防止局部过热和产生热应力变形等问题。同时，最大热流出现

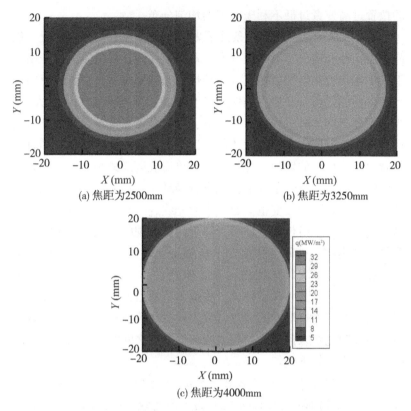

图 4-1 不同焦距下焦面光斑特性及热流分布规律

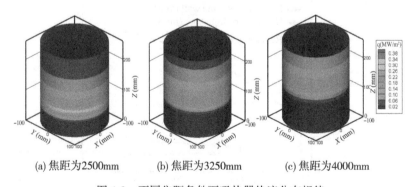

图 4-2 不同焦距条件下吸热器热流分布规律

的位置过高或者过低不利于热流的均匀分布。

　　图 4-3 显示了不同焦距条件下太阳光线进入吸热器的位置、焦面光斑直径和焦面辐射热流的变化规律曲线图。根据不同焦距条件下的焦面和吸热器辐射热流分布特性研究结果来看，多碟系统的设计和参数优化很有必要，焦距的变化直接会影响焦面光斑的大小。当焦距逐渐增加时，光斑直径变大，也就是说在设计吸热器开口直径时需要至少比光斑直径大才能保证全部光线进入吸热器。同时也能看出随着焦距的增加，光斑处辐射热流值逐渐减小，这说明总的太阳辐射能量一定的条件下，光斑直径越大则热流值越小。从研究结果来看，焦距的改变也会影响太阳光线进入吸热器的方向，进而影响光线一次投射位置，即最大辐射热流出现的位置。如果投射位置是在吸热器的中间，那么热流能够上下对称分布，这样比较均匀；反之，如果太阳光线投射在其他位置，容易造成局部热流集中，而别的地方几乎没有热流。根据本节数值模拟结果，可以提出碟式聚光系统圆柱形腔式吸热器最大辐射热流值出现位置的函数关系，即太阳光线入射方向与腔式吸热器轴线之间的夹角与焦距之间的函数关系，如下式：

　　$\tan\theta = 10.10 - 5.05 \times 10^{-3} \times p + 0.67022 \times 10^{-6} \times p^2$ 　（4-2）

式中，p 为抛物面的焦距（mm）；θ 为太阳光线入射方向与腔式吸热

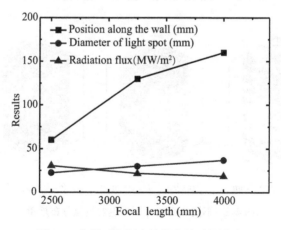

图 4-3　焦距对太阳光线聚集品质的影响

器轴线之间的夹角(°)。

4.2 太阳辐射强度对焦面热流密度场的影响

碟式太阳能聚光系统焦面辐射热流对于系统光热转换效率具有重要影响，本节采用第 3 章建立的数学模型进行不同太阳辐射强度条件下碟式聚光系统焦面热流分布特性模拟，研究其沿圆周方向和径向方向的分布特性及大小。假想有一个平面放置在焦面，当太阳光经过碟式聚光镜面反射到焦面后，所有的光线均被吸收，也就是把该平面当做绝对黑体。发射面太阳光线的发射密度为 20 根/mm^2，系统误差假设为理想条件，其值取为 0mrad。图 4-4 显示了太阳辐射强度为 $100W/m^2$、$300W/m^2$、$500W/m^2$、$800W/m^2$、$1100W/m^2$ 条件下碟式聚光系统的焦面热流密度模拟结果。

(a) 太阳辐射强度100 W/m²   (b) 太阳辐射强度300 W/m²   (c) 太阳辐射强度500 W/m²

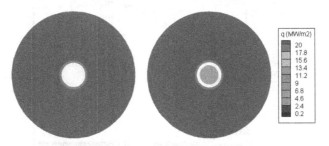

(d) 太阳辐射强度800 W/m²   (e) 太阳辐射强度1100 W/m²

图 4-4   不同太阳辐射强度时焦面热流分布规律

从图 4-4 可以看到：（1）该碟式聚光系统的光斑直径约为 30mm（或半径为 15mm），在 30~42mm 范围内也有部分光线。（2）不同太阳辐射强度对焦面热流密度值有很大的影响。当太阳辐射强度为 100W/m² 时，最大热流值为 2MW/m²；太阳辐射强度为 300W/m² 时，焦面最大热流值为 6MW/m²；太阳辐射强度为 500W/m² 时，焦面最大热流值为 9.9MW/m²；太阳辐射强度为 800W/m² 时，焦面最大热流值为 15.8MW/m²；太阳辐射强度为 1100W/m² 时，焦面最大热流值为 21.8MW/m²。（3）最大的辐射热流基本随太阳辐射强度成比例增加。(4)焦面热流密度分布沿圆周方向对称分布。

图 4-5 显示了 5 种太阳辐射强度下焦面热流密度随半径的变化规律。从图中可以看出，对于每一种太阳辐射强度，在半径为 0~15mm 时，焦面热流密度值基本不变，说明该碟式聚光系统的设计比较优化，光斑分布均匀；在半径为 15~21mm 时，焦面热流密度值急剧减小；在半径为 21~100mm 时，焦面热流密度值基本为 0MW/m²。对于不同的太阳辐射强度，焦面热流密度随着太阳辐射强度的增加而增加。

以上数值模拟结果可以为腔式吸热器的优化设计提供参考，即保证吸热器开口直径大于光斑直径；同时也可为安装提供指导，即

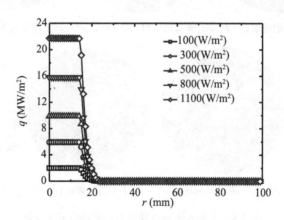

图 4-5　5 种太阳辐射强度条件下焦面热流随半径的变化规律

吸热器开口中心处必须与光斑的中心重合，这样才能确保太阳光线全部顺利地进入吸热器，为吸热器实现高效光热转换提供前提条件。

4.3 腔式吸热器表面热流密度分布特性

4.3.1 太阳辐射强度对吸热器表面热流密度场的影响

本节重点研究不同太阳辐射强度对腔式吸热器的内表面辐射热流的影响。腔内表面的辐射热流经过光热转换后直接通过导热、对流和辐射传递方式传给管内流体，辐射热流的大小会影响腔内螺旋管的使用寿命和热变形特征等，因此，合理确定腔内表面的热流分布及数值大小是太阳能高效光热转换效率的重要指标。同时，考虑太阳辐射强度的日周期变化和年周期变化规律是太阳能能否推广利用和产业化的关键，并为后续太阳能利用过程中的蓄热设计提供参考和指导。本节基于气溶胶对太阳辐射强度的剧烈影响，数值模拟研究了 5 种变化范围较大的太阳辐射强度（$100W/m^2$、$300W/m^2$、$500W/m^2$、$800W/m^2$、$1100W/m^2$）条件下腔内表面热流分布规律。研究过程中以圆柱形腔式吸热器为对象，高度为 260mm，底面直径为 200mm，系统误差为 0mrad。

图 4-6 显示了不同太阳辐射强度下腔内表面热流分布规律特性，从图中可以看出，太阳辐射强度对腔内热流分布的影响较大，主要体现在辐射热流值的大小。当太阳辐射强度为 $100W/m^2$ 时，最大的辐射热流为 $0.02MW/m^2$；当太阳辐射强度为 $300W/m^2$ 时，腔式吸热器表面最大的辐射热流为 $0.06MW/m^2$；当太阳辐射强度为 $500W/m^2$ 时，最大的辐射热流为 $0.1MW/m^2$；当太阳辐射强度为 $800W/m^2$ 时，最大的辐射热流为 $0.16MW/m^2$；当太阳辐射强度为 $1100W/m^2$ 时，最大的辐射热流为 $0.22MW/m^2$。腔内表面的热流随太阳辐射强度的变化趋势与焦面热流随太阳辐射强度的变化趋势很相似，完全呈比例增加，这也说明太阳光线经过焦面进入吸热器时，不管太阳辐射强度如何变化，其聚集方向是一定的。同时，

从图 4-6 中也可看到，辐射热流沿腔式吸热器圆周方向对称分布。这主要是由于系统误差是一样的，而且腔式吸热器放置在碟式聚光系统的轴线焦点处，当太阳光线进入吸热器时，沿圆周方向对称。

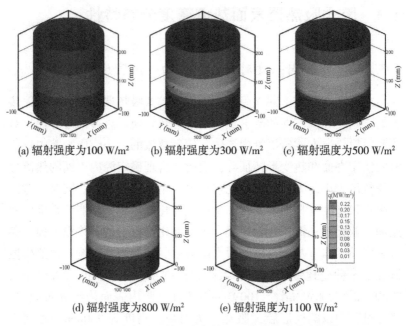

(a) 辐射强度为100 W/m²　　(b) 辐射强度为300 W/m²　　(c) 辐射强度为500 W/m²

(d) 辐射强度为800 W/m²　　(e) 辐射强度为1100 W/m²

图 4-6　5 种太阳辐射强度条件下吸热器热流分布规律

　　图 4-7 显示了不同太阳辐射强度下，无量纲辐射热流沿吸热器高度方向的变化示意图。从图中可以看出，不同太阳辐射强度条件下腔内无量纲热流分布随吸热器高度的变化趋势完全一样，即先增加到中间位置处（约 127mm），然后一直减小，直到吸热器高度最顶端（260mm）。同时，在吸热器高度约为 80mm 处，热流有较大的变化梯度。图中也显示了最大无量纲热流约为 200，即最大聚集能量大约为 200 个太阳的能量。

4.3.2　系统误差对腔式吸热器表面热流密度的影响

　　碟式聚光系统的系统误差包括镜面的面型误差 σ_{sur}、系统跟踪

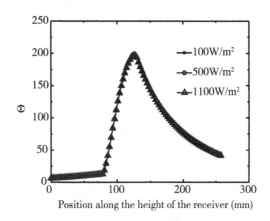

图 4-7 不同太阳辐射强度条件下无量纲热流随高度的变化规律

误差 σ_t 以及安装反射误差 σ_r 等，因此系统误差可以表示为：$\sigma = \sqrt{\sigma_{sur}^2 + \sigma_t^2 + \sigma_r^2}$。由于加工制造过程与理论设计不可能完全一样，因此存在镜面的面型误差。跟踪方式目前最先进的就是采用双轴跟踪系统。国内外都有许多科研人员从事此方面的工作，跟踪方式有很多种，有间断跟踪和连续跟踪、旋转仰角跟踪和方位仰角跟踪、动力跟踪和电子跟踪，甚至还有被动跟踪和主动跟踪等多种跟踪方式。无论是什么跟踪方式，系统误差很难彻底消除。由于碟式聚光系统以及腔式吸热器通常都安装在高空的钢架上，只能采用人工或者简单机械安装，因此在具体的安装过程中安装位置也会与设计工况产生误差，并且仪器的精度、响应时间等都会影响系统的系统误差。此外，值得注意的是当碟式聚光系统运行一段时间后，由于受到各种载荷的影响，比如哈尔滨地区的雨雪、大气环境的风力、设备的自重等一系列作用，聚光系统会发生偏转、偏移、变形等误差，实际工况与理论设计工况存在一定的误差。本节将这些误差统称为系统误差，并研究这种误差对腔内热流密度分布规律的影响。

图 4-8 显示了当太阳辐射强度为 $500W/m^2$ 时，6 种系统误差（0mrad、2mrad、4mrad、6mrad、8mrad、10mrad）对腔式吸热器无量纲热流密度分布规律的影响。其他 4 种太阳辐射强度的影响完全

相同(因为本节采用的是无量纲热流)。在数值模拟计算过程中，
腔式吸热器采用圆柱形腔式吸热器，腔式吸热器高度为 260mm，
底面直径为 200mm。

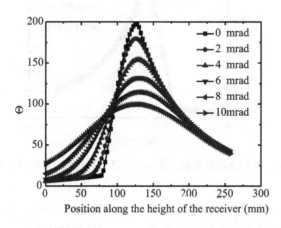

图 4-8　太阳辐射强度为 500W/m² 时无量纲热流随误差的变化

　　从图 4-8 中可以看到，无量纲热流随系统误差的变化趋势明显
不一样，变化特征体现在：(1)若吸热器高度为 95mm 以下，则系
统误差为 0mrad 时无量纲辐射热流最小，系统误差为 10mrad 时无
量纲辐射热流最大，这就说明系统误差对于热流的分布是有利的，
至少可以使热流分布更加均匀，原来没有光线投射的位置由于系统
误差的存在会有少量光线射入；(2)若吸热器高度为 95~260mm，
则系统误差为 0mrad 时无量纲辐射热流最大，系统误差为 10mrad
时无量纲辐射热流最小；(3)图中显示最大无量纲辐射热流在不同
系统误差条件下出现的位置是一样的，这主要是由于在数值模拟编
程计算中，将各种误差都体现在镜面的面型误差上，太阳光线保持
平行于碟式系统的轴线方向投射到镜面上。

　　图 4-9 显示了该太阳辐射强度下最大无量纲热流 Θ 的变化规
律，从图中也可以看到，最大的无量纲热流 Θ 约为 200，最小无量
纲热流 Θ 约为 100，并且最大的无量纲辐射热流值随着系统误差的
增加几乎线性减小，这是工程实际的需求和技术安全保障，对于防

止局部过热具有重要意义。因此，通过本节的研究，发现了系统误差对于热流分布的均匀性是有利的。对于其他不同太阳辐射强度，无量纲热流明显具有相同的变化规律。

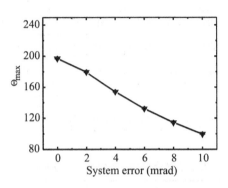

图 4-9　最大无量纲热流随误差的变化

基于上述研究成果，可通过 Origin 8.0 软件研究不同太阳辐射强度条件下腔式吸热器总吸热量的理论计算公式，为推广应用研究提供支持。拟合计算公式：

$$Q_{total} = 2\pi \times 0.1 \times \left[\int_0^{75.4} (c_1 + c_2 \times e^{-x/c_3}) dx \right.$$
$$\left. + \int_{75.4}^{127.4} (c_4 - c_5 \times e^{-x/c_6}) dx + \int_{127.4}^{260} (c_7 + c_8 \times e^{-x/c_9}) dx \right]$$

$$(4-3)$$

式中，c_1，…，c_9 为系数，不同太阳辐射强度下的系数分别见表 4-3～表 4-7。

表 4-3　　　　太阳辐射强度为 $100W/m^2$ 时的系数值

系统误差（mrad）	C_1	C_2	C_3	C_4	C_5	C_6	C_7	C_8	C_9
0	-0.076	0.675	-112.22	56.68	110.37	111.94	1.91	133.8	63.5

续表

系统误差（mrad）	C_1	C_2	C_3	C_4	C_5	C_6	C_7	C_8	C_9
2	0.727	0.003	−11.64	32.43	100	62.34	0.5	91.25	79.19
4	0.55	0.077	−18.23	21.81	78.44	49.22	−4.73	51.49	143.42
6	−0.1	0.079	−34	16	58.16	40.875	700	−686.5	−21930000
8	−1.64	3.04	−65.92	12.72	42.62	35.34	37.75	−19.54	−464.94
10	−5.13	7.74	−143.48	10.51	33.86	29.8	18.55	−4.54	−216.72

表 4-4　　太阳辐射强度为 300W/m² 时的系数值

系统误差（mrad）	C_1	C_2	C_3	C_4	C_5	C_6	C_7	C_8	C_9
0	−0.2	2.01	−111.27	121.96	363.8	69.86	5.73	401.37	63.51
2	2.18	0.009	−11.64	97.27	308.5	62.34	1.54	273.8	79.19
4	1.66	0.23	−18.23	65.42	235.3	49.22	−14.21	154.47	143.43
6	−0.32	2.37	−34	47.97	174.5	4.87	634.84	−563	−12920000
8	−4.92	9.12	−65.9	38.16	129.82	35.35	113.25	−58.63	−465
10	−15.4	23.23	−143.57	31.52	101.7	29.8	55.65	−13.63	−216.76

表 4-5　　太阳辐射强度为 500W/m² 时的系数值

系统误差（mrad）	C_1	C_2	C_3	C_4	C_5	C_6	C_7	C_8	C_9
0	−0.34	3.34	−111.2	203.26	606.33	69.86	9.55	669	63.51
2	3.64	0.015	−11.64	162.12	514.14	62.34	2.56	456.27	79.2
4	2.76	0.385	−18.23	109.04	392.14	49.23	−23.68	257.45	143.44
6	−0.53	3.95	−34	79.96	290.8	40.87	621.55	501.8	−12290000

续表

系统误差(mrad)	C_1	C_2	C_3	C_4	C_5	C_6	C_7	C_8	C_9
8	−8.2	15.2	−65.9	63.6	213	35.35	188.7	−97.68	−464.9
10	−25.65	38.7	−143.53	52.53	169.47	29.8	92.75	−22.72	−216.77

表 4-6　　　太阳辐射强度为 800W/m² 时的系数值

系统误差(mrad)	C_1	C_2	C_3	C_4	C_5	C_6	C_7	C_8	C_9
0	−0.542	5.34	−119.19	325.21	970.13	69.86	15.29	1070.3	63.5
2	5.82	0.024	−11.64	259.4	822.62	62.34	4.09	730	79.2
4	4.42	0.62	−18.23	174.46	627.41	49.23	−37.89	411.91	143.44
6	−0.843	6.33	−34	127.93	465.3	40.87	722.15	530.54	−12650000
8	−13.12	24.31	−65.9	101.77	340.88	35.35	301.98	−156.31	−464.96
10	−41	61.94	−143.55	84.05	271.1	29.8	148.4	−36.36	−216.79

表 4-7　　　太阳辐射强度为 1100W/m² 时的系数值

系统误差(mrad)	C_1	C_2	C_3	C_4	C_5	C_6	C_7	C_8	C_9
0	−0.74	7.34	−111.15	447.16	1333.9	69.86	21	1471.7	63.51
2	8	0.033	−11.64	356.67	1131.1	62.34	5.63	1003.8	79.19
4	6.08	0.85	−18.23	239.88	862.7	49.23	−52.1	566.38	143.44
6	−1.16	8.7	−34	175.9	639.75	40.87	1050.54	787	−11850000
8	−18	33.43	−65.9	139.93	468.72	35.35	415.2	−214.91	−464.93
10	−56.44	85.16	−143.55	115.57	372.82	29.8	204.05	−50	−216.776

　　基于腔式吸热器热流分布数值模拟结果拟合的总吸热量计算公式计算腔式吸热器的总吸热量，其结果见表 4-8。从表中可以看到，对于给定的太阳辐射强度，吸热器总吸热量随着系统误差的增加而减小；对于给定的系统误差，吸热器总吸热量随着太阳辐射强度的增加而增加。从定量的角度来看，当太阳辐射强度为 100W/m² 时，系统误差从 0mrad 到 10mrad 总吸热量减小 6.44%；当太阳辐射强度为 300W/m² 时，系统误差从 0mrad 到 10mrad 总吸热量减小 5.70%；当太阳辐射强度为 500W/m² 时，系统误差从 0mrad 到 10mrad 总吸热量减小 5.44%；当太阳辐射强度为 800W/m² 时，系统误差从 0mrad 到 10mrad 总吸热量减小 5.40%；当太阳辐射强度为 1100W/m² 时，系统误差从 0mrad 到 10mrad 总吸热量减小 5.34%。同时，定量计算结果很清晰地显示了太阳辐射强度越大，则总吸热量随着系统误差的减小越来越小。

表 4-8　不同系统误差条件下腔式吸热器总吸热量计算结果(W)

太阳辐射强度(W/m²)	系统误差(mrad)					
	0	2	4	6	8	10
100	1226	1225	1192	1183	1165	1147
300	3651	3616	3575	3569	3566	3443
500	6066	6026	5959	5951	5944	5736
800	9707	9641	9534	9516	9509	9182
1100	13346	13257	13109	13091	13074	12632

　　综上所述，系统误差对于腔式吸热器的辐射热流的分布更为有利，即更加均匀，并且系统误差对于腔式吸热器的总吸热量影响不大，在本书的系统误差研究范围(0~10mrad)内，最大差值为 6.44%。因此，在工程设计和施工中，适当的系统误差是可以允许的，并且这样还有一定的优点。

4.4 本章小结

本章基于前两章的研究成果，对碟式太阳能聚光系统的腔式吸热器热流密度和无量纲热流分布规律进行了研究，得出了以下4点结论：

(1)数值模拟了碟式聚光系统3种不同焦距对焦面光斑直径、焦面热流以及吸热器热流分布的影响，给出了太阳光线聚集品质随焦距的变化特性。研究结果显示，碟式聚光系统焦距的变化会直接改变太阳光线进入吸热器的投射位置，当焦距过大(4000mm)时，经碟式聚光器反射后的光线直接投射在吸热器高度为160mm处，当焦距过小(2500mm)时，经碟式聚光器反射后的光线直接投射到60mm处，当焦距为3250mm时，经碟式聚光器反射后的光线直接投射到近似中间位置127mm处，这样有利于热流在整个腔内均匀分布。研究结果也显示焦距的改变会直接改变光斑直径以及吸热器表面热流分布规律，这些都需要在腔式吸热器结构设计和安装过程中予以考虑。基于数值模拟结果本章提出了圆柱形腔式吸热器最大辐射热流值出现位置的函数关系。

(2)研究了不同太阳辐射强度对碟式聚光系统焦面热流分布规律。通过研究，对于每一种太阳辐射强度，在半径为 0~15mm 时，焦面热流密度值基本不变，这也说明该碟式聚光系统的设计比较优化，光斑分布均匀；在半径为 15~21mm 时，焦面热流密度值急剧减小；在半径为 21~100mm 时，焦面热流密度值基本为 $0MW/m^2$。对于不同太阳辐射强度，焦面热流密度随着太阳辐射强度的增加而增加。

(3)通过数值模拟研究了5种不同太阳辐射强度对腔式吸热器无量纲热流分布规律的影响。研究发现不同太阳辐射强度条件下腔内无量纲热流分布随吸热器高度的变化趋势完全一样，即先增加到中间位置(约127mm)处，然后一直减小，直到吸热器高度最顶端(260mm)。

(4)研究了6种系统误差对碟式太阳能聚光系统腔式吸热器无

量纲热流密度分布规律的影响，同时，建立了不同太阳辐射强度和不同系统误差条件下腔式吸热器总吸热量的理论计算模型并进行了相应的计算。研究结果表明，在同一种太阳辐射强度条件下，无量纲热流分布随系统误差的变化趋势有差异，最大无量纲热流 Θ 约为 200，最小无量纲热流 Θ 约为 100。此外，研究还发现了系统误差对于热流分布的均匀性是有利的，并且系统误差对于腔式吸热器的总吸热量影响不大，在本书的研究范围内(0~10mrad)，最大误差在 6.44%，在工程上基本可以忽略。基于上述研究结果，本章得出系统误差对于腔式吸热器的热流分布具有一定优点。

第5章 太阳能光热转换效率 及应用研究

碟式太阳能聚光系统实验研究是验证数值模拟计算结果和指导太阳能产业化、规模化利用的重要手段和必经途径。本章结合搭建在哈尔滨工业大学能源科学与工程学院的碟式太阳能聚光实验台，制定实验方案，提出实验技术路线并开展太阳光线光热转换实验研究。第一，介绍实验台测试系统；第二，实验测试腔式吸热器表面热流密度，并与数值模拟计算结果进行误差对比分析，验证理论计算模型的准确性和可靠性；第三，基于蒙特卡洛法计算的太阳辐射热流分布特征作为流固耦合换热的第二类边界条件，在考虑对流热损失的条件下，采用 Fluent 计算软件数值模拟腔式吸热器出口水温随流体质量流量和热流分布特征的变化规律(入口水温保持不变)；第四，重点针对碟式太阳能聚光系统的光热转换效率进行实验研究，找出光热转换效率随太阳辐射强度的变化规律；第五，理论提出太阳能在油田集输系统利用中的流程图并进行初步验证。

5.1 碟式聚光系统实验台介绍

碟式太阳能聚光系统是目前能产生最高聚光比的太阳能利用系统，并且具有结构简单、可模块化、适用于分布式能源利用等优势，在太阳能高温热利用和实际工程中都有着广泛的应用前景[162-164]。碟式太阳能聚光系统的实验测试研究对太阳能高效热利用及验证理论模型都具有重要的指导意义，是能够实现太阳能产业化利用的技术基础。本节主要介绍搭建在哈尔滨工业大学能源科学与工程学院的双轴跟踪碟式太阳能聚光系统，为后续实验测量该系统高效光热转换特性做铺垫。

5.1.1　碟式聚光系统

哈尔滨工业大学能源科学与工程学院的碟式聚光系统实物图如图 5-1 所示，系统的主要部件如下：

（1）支撑立柱——负责固定和支撑碟式系统的反光镜支架、传动箱等；

（2）反光镜支架——支撑各碟式反射单元；

（3）传动箱体——实现反射机构的方位及俯仰方向的转动；

（4）控制系统——控制碟式系统实时准确跟踪太阳；

（5）吸收器支架——支撑吸收器等部件并随反光镜支架一起转动；

（6）反光碟——反射和聚焦太阳光线。

图 5-1　哈尔滨工业大学碟式太阳能聚光系统实验台

从图 5-1 中可以看到，该碟式聚光系统由 16 块反射镜面组合而成，每个镜面的设计参数为：系统焦距 3250mm、镜面直径 1050mm。碟式聚光系统反射镜的设计镜面反射率 ρ 不低于 0.9。

碟式聚光系统采用双轴自动跟踪控制系统(见图 5-2)，其硬件组成如下：

(1)PLC1 台，型号：TM238LFDC24DT；

(2)模拟量模块 1 只，型号：TM2AMM6HT；

(3)伺服电机 2 台；

(4)伺服驱动器 2 台；

(5)限位开关 8 只，转换开关 1 只，按钮开关 5 只；

(6)断路器 1 只，接触器 1 只，中间继电器 5 只，24V 开关电源 1 台。

(7)太阳传感器一台，型号：QP50-6SD2(德国)。

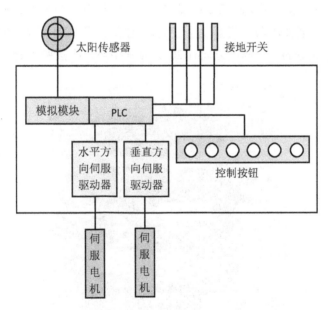

图 5-2 双轴自动跟踪控制系统示意图

PLC 控制部件在设计过程中，是根据输入的哈尔滨经度值、纬度值、高度、时间和日期等信息，采用相应的天文公式自动计算出当前的太阳高度角和方位角，并驱动两台伺服电机进行水平和俯仰运动，从而达到碟式太阳能聚光系统实时自动跟踪太阳的目的。为了降低该系统的系统误差，采用太阳位置传感器闭环跟踪系统控制聚光系统的系统误差。太阳位置传感器固定在碟式聚光系统的支架上，太阳位置传感器的光轴与碟式聚光系统的主光轴相平行；当碟式聚光系统运行时，如果入射光线与太阳位置传感器的光轴不平行时，太阳位置传感器会自动检测出跟踪系统在水平方向及俯仰方向的跟踪角度偏差，并自动修正跟踪太阳位置。碟式聚光系统的双轴自动跟踪闭环控制系统能够保证在六级风下正常运行，系统的误差理论设计值不大于 2mrad。

5.1.2　腔式吸热器

图 5-3 显示了实验测量过程中使用的圆柱形太阳能腔式吸热器实物图。该吸热器的参数为：空心圆柱形，开口直径为 200mm，高度为 260mm，在高度方向有 20 个螺旋循环，吸热腔内表面的螺

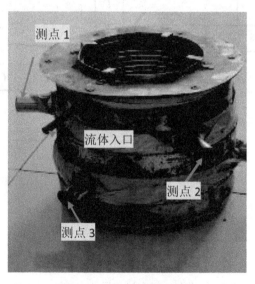

图 5-3　腔式吸热器侧面图

旋管采用铜管材料，铜管外径为 8mm，内径为 5mm，吸热器外表面采用石棉保温层以防止导热损失，在吸热器顶部、中间、底端分别设计预留了热流密度测试的 3 个测点，见图中测点 1、测点 2 以及测点 3。实验过程中通过固定支架安装到太阳能聚光系统中。

5.1.3　热流密度传感器

本书采用 HT-50-M20 型热流传感器。其原理为来自高温热源的热流会在传感器的两面产生微小的温差。与传感器表面接触，在其内部的特殊微型高温热电堆，会直接产生源自温差的电流信号。这个电流信号与热流直接成比例，由数百个热电元件组成的热电堆产生的微伏信号可以由便携式电位差计或者记录仪测量。该型号传感器可以放置在任何地方进行测量而没有精度损失。该传感器的特点为：热流量程为 3.14MW/m², 温度量程为 1600℃, 0.5s 的快速响应并且线性输出，可以忽略的热阻抗。信号输出线长 5m，精度和线性优于 2%。图 5-4 为该热流传感器的实物图。

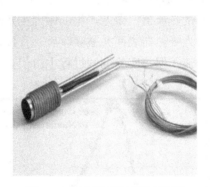

图 5-4　热流密度传感器实物图

5.2　腔式吸热器表面热流测试实验

腔式吸热器表面热流测试实验是在哈尔滨工业大学能源科学与工程学院碟式聚光系统实验台上完成的。实验时间是 2011 年 6 月

21 日—2011 年 7 月 12 日。实验的关键是在准确测试太阳辐射强度
之后，再进行多次重复的热流测试实验，每次测试数据的读取控制
在 5 分钟之内以保证数据的同一性。热流计安装在腔式吸热器的 3
个测点，分别为顶部、中间、底端(测点布置方式在腔式吸热器的
位置见图 5-3)。实验过程中，重点以太阳总辐射量 500W/m² 作为
比较标准，风速变化范围为 2~4m/s。为了比较实验测试值与理论
计算值，需要对数值模拟结果进行折算，这是因为数值模拟过程中
采用的聚光器为一个高度为 520mm、开口半径为 2600mm 抛物线碟
面，并且假设数值模拟过程中抛物线碟面上布满了反射镜面。由于
实验系统中需要一定的面积安装机械跟踪装置以及镜面布置间距
等，有效面积要比数值模拟过程的面积小，两者的比值为 0.626，
因此需要对数值模拟的辐射热流密度乘以面积折算系数 0.626，然
后再与实验测试值进行比较。图 5-5 显示了 3 个测点无量纲热流的
理论计算值(见图 4-6 和图 4-7)与实验值之间的对比分析。从图中
可以看到，理论值与实验值基本吻合较好，最小误差为 4.82%，
最大误差为 13.31%，验证了本书建立的数学模型能够用来准确计
算腔式吸热器表面的热流值。误差产生的原因主要是理论数值模拟
的时候，当光线投入吸热器表面并被吸收后，直接认为这部分光线
的能量即为辐射热流，但是实验测试过程中由于自然风引起的对流

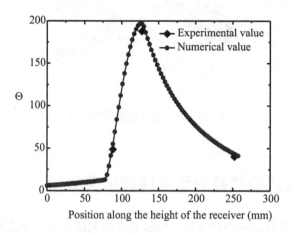

图 5-5　腔式吸热器无量纲热流的理论计算和实验值对比

以及导热、辐射等多场热传热过程，最终在热流计上显示的值要比理论值小。测试误差也与热流传感器的精度有一定的关系。

5.3 光热转换效率数值模拟研究

通过5.2节的腔式吸热器表面热流实验结果验证了本书建立的辐射热流数学计算模型的计算精度，本节基于蒙特卡洛法计算的腔式吸热器表面辐射热流数值结果作为流固耦合传热过程的边界条件，基于用户自定义函数，并考虑对流热损失条件下，采用Fluent计算软件分别数值模拟了腔式吸热器出口水温随太阳辐射强度和水的质量流量的变化规律。

5.3.1 Fluent软件

1. 软件介绍

计算流体动力学(Computational Fluid Dynamics，CFD)是以计算机为工具并结合离散化的数值方法对流体黏性流动和无黏性绕流进行数值模拟和计算，计算结果一般显示的是离散解(因为解析解一般很难求解获得)，计算时间和精度与计算机的配置等有直接关系。Fluent软件是当前国内外最流行的商用CFD软件包[165]。它的特点是：可以提供可压缩流体、不可压缩流体、湍流以及层流甚至多相流等数值模拟流场和云图计算能力，同时该软件还与一些工程进行实际结合，如移动坐标系模型、热传导模型、周期性流动、多孔介质模型等。正是基于这些原因，Fluent软件在石油工业、航空航天、电力、能源、化工、军事等方面得到了广泛应用。

2. Fluent软件结构

通常，Fluent软件由前处理器、求解器和后处理器三部分组成。各部分的作用分别为：(1)前处理器主要是进行网格划分及模型建立，通过Gambit实现。一方面它可以自己通过点、线、面等独立构造模型和网格，另一方面它也能接受一些其他图形工作创建的模型进行导入，其中比较专业的图形软件有PROE、Solid Works、UG等；(2)求解器主要是提供辐射传热模型、颗粒轨道模型、多相流模型、湍流模型等模型或者是几种模型的组合；（3）后处理器主要负责对计算结果进行调整和应用，比如进行可视化处理、视屏制作等，总体功能很强大，也可以通过其他一些软件进行协作后处理。本书在研究碟式太阳能聚光系统腔式吸热器光热耦合特性中，利用 Fluent 软件的流程示意图见图5-6。

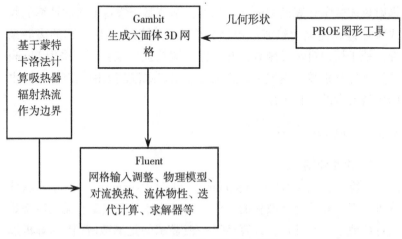

图 5-6　基本程序结构示意图

3. UDF 函数

为了实现蒙特卡洛法计算的辐射热流作为边界条件，输入流体计算软件，需要将数值模拟结果以用户自定义函数的形式导入。

用户自定义函数（UDF）是 Fluent 软件接口之一，UDF 的编写必须使用 C 语言。用户可以将一些计算结果通过它与 Fluent 模块的内部数据进行耦合，这样就能解决一些标准的 Fluent 模块不能实现的问题。在完成 UDF 计算编写程序之后，需要在 Fluent 软件中进行编译调试，如果出现错误需要返回到源文件中进行修改，直到在 Fluent 中调试通过，这样的特点使 UDF 应用难度加大。本书在数值模拟过程中，将腔式吸热器表面热流密度分布规律以 UDF 形式输入，在 Fluent 定义边界条件选取辐射热流时选用该函数程序，完成蒙特卡洛法与 Fluent 软件的结合。

5.3.2 对流热损失计算

碟式太阳能聚光系统腔式吸热器的对流热损失包括自然对流热损失和混合自然对流热损失(自然对流热损失和风引起的强制对流热损失)。国内外学者通过数值模拟和实验研究总结,提出了不同的 Nu 关联式计算模型。本节主要在前人研究的基础上,通过数值模拟计算不同太阳辐射强度下的对流热损失和壁面温度,研究步骤如图 5-7 所示。

从图 5-7 中可以看到,在不同太阳辐射强度条件下,首先假定壁面的初始温度,然后根据特征温度从文献[148]中选取空气物性参数,包括导热系数、运动黏度等参数,再根据这些参数结合 Nu 关联式计算对流换热系数,再以该换热系数为基础,在计算软件中通过温度场的迭代计算对流热损失和新的壁面温度,最后将新的壁面温度与初始壁面温度进行对比,当误差小于 5% 时输出结果,当误差大于 5% 时,以该新壁面温度为初始温度,带入系统重新计算,直到误差在设定范围内。通过以上方法可以计算不同太阳辐射强度下的对流热损失。

5.3.3 数值模拟结果

数值模拟中,腔式吸热器的结构为高度 260mm,直径 200mm,沿高度方向 20 个循环,螺旋管内径 5mm,外径 8mm,吸热器的入口水温 305K,冷水的质量流量分别为 0.03kg/s,0.05kg/s,0.07kg/s。采用 Proe 5.0 完成了腔式吸热器的物理图形并基于 Gambit 对螺旋管进行网格划分,外表面的圆柱形腔体由于采用保温材料可以忽略导热损失,因此只需针对螺旋管进行网格划分并进行流固耦合计算,网格划分如图 5-8 所示。网格单元选取六面体,系统共有大约 1785000 个网格,最小网格单元体积为 $5.7 \times 10^{-11} m^3$。数值模拟过程为:基于蒙特卡洛法计算腔式吸热器表面热流密度,通过 UDF 自定义函数的形式作为辐射边界条件输入,分别计算 3 种不同太阳辐射强度和质量流量工况下的吸热器出口水温以及温度分布规律。

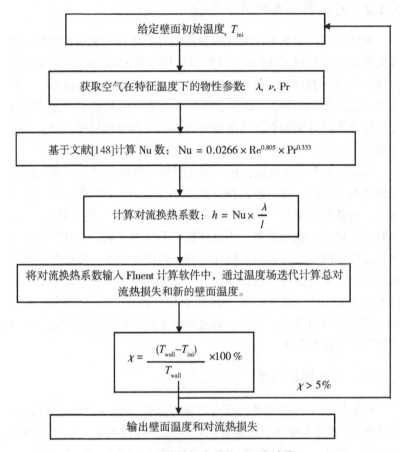

图 5-7　对流热损失及壁面温度计算

　　在本节的 UDF 自定义函数编写中，除了将辐射热流分布规律
作为边界条件输入程序外，还考虑腔内空气与螺旋铜管的对流热损
失计算。包括对流换热系数的选取和壁面温度的计算。结合本书研
究的具体情况（碟式聚光系统实际安装高度在 30m 左右，腔体开口
处风速较大并且存在部分辐射散热），对流换热系数根据 $Nu = 0.0266 \times Re^{0.805} \times Pr^{0.333}$（该式根据空气横掠圆管实验获得，使用范
围：大气温度为 15.5~980℃，圆管壁面温度为 21~1046℃，Re 为
40000~400000）计算[148]。同时，铜管壁面温度是一个未知数，本

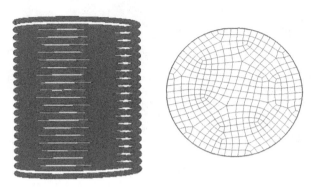

图 5-8　腔式吸热器及横截面网格示意图

书在数值编程中通过设定初始值并进行迭代来确定。本书的数值模拟过程均假设为稳态过程。

图 5-9 显示了太阳辐射强度分别为 $100W/m^2$、$300W/m^2$、$500W/m^2$，并且水的质量流量为 0.05kg/s 时吸热器出口面的水温分布云图。

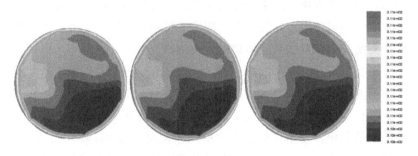

图 5-9　不同太阳辐射强度下吸热器出口处水温分布云图

图 5-10 显示了太阳辐射强度分别为 $100W/m^2$、$300W/m^2$、$500W/m^2$，并且水的质量流量为 0.05kg/s 时水沿管壁高度方向的三维分布图。

从图 5-9 和图 5-10 中可以看出：在水流量保持不变的情况下，(1)随着太阳辐射强度的增加出口水温逐渐增加；(2)吸热器出口

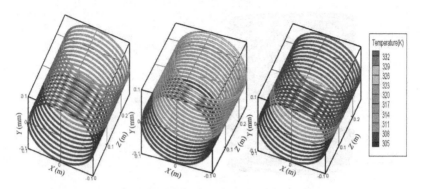

图 5-10　不同太阳辐射强度时水温沿高度方向的三维分布图

水温分布规律随着太阳辐射强度的变化而变化，当太阳辐射强度不同时，出口水温的分布规律很相似，不同的是绝对值大小，这样体现了稳态过程中从螺旋管到介质水的传热效果是一样的；（3）出口面圆周方向的温度较高，没有接受辐射热流的表面温度较低；（4）沿吸热器高度方向，温度逐渐增大，但是在吸热器的底端出现了局部温度降低的现象，这主要是由于顶端与大气环境的对流换热超过了顶端的辐射热流，导致温度出现了下降趋势，这也说明了在腔式吸热器实验中需要注意腔体顶端的热防护。

　　图 5-11 显示了不同水流量情况下，吸热器出口水温随着太阳辐射强度的变化规律。从图中可以看到：（1）在恒定水流量条件下，吸热器出口水温随着太阳辐射强度增加而升高，基本呈线性变化，但是变化梯度不一样，当水的质量流量为 0.03kg/s 时，出口水温升高最快。（2）在恒定太阳辐射强度下，水的质量流量越大，出口温度越低，但不是呈线性变化的，这主要是由于水流量的变化引起了自然对流热损失的变化。当太阳辐射强度为 $100W/m^2$ 时，若水流量为 0.03kg/s 则出口水温为 314.21K；若水流量为 0.05kg/s 则出口水温为 310.5K；若水流量为 0.07kg/s 则出口水温为 308.95K；当太阳辐射强度为 $300W/m^2$ 时，出口水温分别为 332.52K、321.46K、316.81K；当太阳辐射强度为 $500W/m^2$ 时，

出口水温分别为 350.84K、332.42K、324.67K。

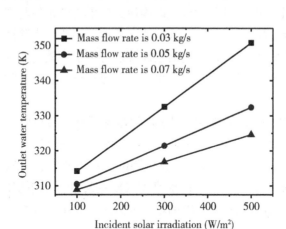

图 5-11　出口水温随太阳辐射强度和水流量的变化规律

5.4　光热转换效率实验研究

5.4.1　吸热器出口水温测试实验及分析

　　从碟式聚光系统光热转换实验台中可以看到，整个系统主要由16 块碟面、腔式吸热器、双轴跟踪控制系统以及进出口管路组成。本书针对该实验系统提出了整套实验测试流程，具体为：太阳光线经过碟面抛物线反射镜反射后进入吸热器，在吸热器表面完成光热转换过程；流体工质采用水，冷水从冷水箱经水泵加压后上升进入吸热器(见图 5-1 中左面冷水管)，吸收热量后从图中的右端流出进入热水箱，介质水经过这样一个过程后将太阳能转换的热量带走。实验主要测试介质水的进出口温度和流量，本书的目的是为了研究水最后从吸热器带走的能量，因此本书实验过程中冷水箱的温度即冷水温度一直保持 305K，冷水的质量流量由于水泵的功率固定因而保持为 0.05kg/s，实验测量的主要参数是不同太阳辐射强度下的出口水温，温度测量采用 Pt100-type 热电偶(大气温度为 295～

305K，风速为 2~4m/s)。腔式吸热器在安装过程中主要通过设计的支架固定，并可进行微调，以确保开口中心处正好与焦面中心重合。实验测试前需要对镜面进行清洁处理，主要是去除镜片表面的灰尘，实验所用仪器在使用前也需要进行标定校核。实验过程主要是先测试太阳辐射强度，然后再测试吸热器热水管出口的水温变化规律。

图 5-12 显示了 9 种不同太阳辐射强度（分别为 $80W/m^2$、$100W/m^2$、$158W/m^2$、$226W/m^2$、$300W/m^2$、$375W/m^2$、$426W/m^2$、$500W/m^2$、$573W/m^2$）下吸热器出口水温的实验测试值。从图中可以清晰地看到，在入口水温和水质量流量保持不变的情况下，出口水温随着太阳辐射强度的增大而升高，几乎呈线性变化。

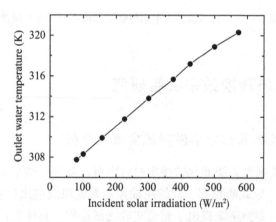

图 5-12　出口水温随太阳辐射强度的实验测量规律

5.4.2　热效率计算模型的建立

本节基于热力学第一定律建立碟式太阳能聚光系统的能量转换效率计算模型，首先分别计算带入系统的能量和带出系统的能量，然后用两者的比值计算光热转换效率。

1. 带入系统的能量

外界进入太阳能聚光系统的能量为太阳辐射能（不考虑多碟反

射器的反射损失），其计算公式：

$$Q_{in} = I \cdot A \tag{5-1}$$

式中，Q_{in} 为进入系统的能量，单位为 W；I 为太阳辐射强度，单位为 W/m^2；A 为多碟聚能器的有效面积，单位为 m^2。

2. 带出系统的能量

介质水从系统中带出的能量计算公式：

$$Q_{out} = m_w \cdot C_w \cdot (T_{out} - T_{in}) \tag{5-2}$$

式中，Q_{out} 为从系统带走的能量，单位为 W；m_w 为介质水的质量流量，单位为 kg/s；T_{out} 为介质水的出口温度，单位为 K；T_{in} 为介质水的入口温度，本书取 305K；C_w 为介质水的比热容，单位为 J/kg·K。

3. 建立光热转化效率计算模型

根据热力学第一定律，系统的光热转换效率等于带出系统的能量与带入系统的能量之间的比值，其计算式如下：

$$\eta = \frac{Q_{out}}{Q_{in}} = \frac{m_w \cdot C_w \cdot (T_{out} - T_{in})}{I \cdot A} \tag{5-3}$$

式中，η 为吸热器的光热转换效率。

5.4.3 光热转换效率实验结果

基于上述建立的光热转换效率计算模型，结合实验测量数据来计算系统光热转换效率。图 5-13 显示了 9 种不同太阳辐射强度下碟式聚光系统带入和带出的能量关系，从图中可以看到，带入能量几乎随着太阳辐射强度的增加线性增加，这主要是因为带入能量直接采用太阳辐射强度与聚光器的有效面积的乘积，而带出能量也随着太阳辐射强度的增加而增加，但增加梯度明显减弱。太阳辐射强度的不同必然会引起光热转换过程中的热损失不同，太阳辐射强度越大，热损失越大，工质水带出的能量所占的比例就越小。

图 5-14 显示了碟式太阳能聚光系统光热转换效率计算结果，从图中可以看到，当太阳辐射强度为 80W/m^2 时，光热转换效率为 52.12%；当太阳辐射强度为 100W/m^2 时，光热转换效率为 50.04%；当太阳辐射强度为 158W/m^2 时，光热转换效率为

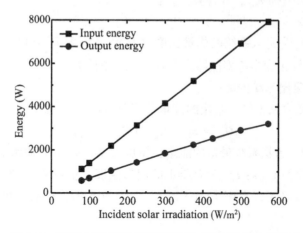

图 5-13　不同太阳辐射强度下系统带入能量和带出能量

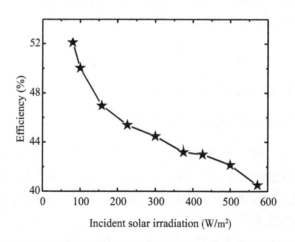

图 5-14　不同太阳辐射强度下碟式聚光系统光热转化效率

46.97%；当太阳辐射强度为 226W/m² 时，光热转换效率为 45.39%；当太阳辐射强度为 300W/m² 时，光热转换效率为 44.48%；当太阳辐射强度为 375W/m² 时，光热转换效率为 43.18%；当太阳辐射强度为 426W/m² 时，光热转换效率为 43.00%；当太阳辐射强度为 500W/m² 时，光热转换效率为

42.15%；当太阳辐射强度为 570W/m^2 时，光热转换效率为 40.51%。研究结果表明，碟式太阳能聚光系统的光热转换效率随着太阳辐射强度的增大而减小。

5.5 太阳能聚光系统在油田中的应用研究

本节通过上述相关实验研究结果，针对油田生产工艺流程和需求，初步研究碟式太阳能聚光系统在油田集输系统的应用。

以大庆油田为例，油田集输系统主要包括联合站、中转站、计量间和油井。中转站的主要设备是加热炉，其作用主要是为了提高水温，从加热炉出来的热水输送到计量间或者直接输送到各个油井，热水与油井产出液混合后提高混合物的温度，然后安全输送到中转站。经过中转站油水分离器对油水进行分离后原油被单独输送到联合站进行外输，而分离后的冷水经过沉降净化后被重新输入加热炉进行加热，以实现水资源的循环利用。本书采用碟式太阳能聚光系统替代传统的加热炉，以实现节能降耗的目标。通过油井开采出来的原油包含油和水的混合物，大庆油田的综合含水率已经超过了 90%，井口的出油温度通常在 20℃ 左右，而为了安全输送，根据原油物性和特点通常要求将油水混合物加热到 50℃ 左右，需要提升温差在 30℃，油井产出液需要的能量为：

$$Q_{\text{oil-water}} = m_{\text{oil-water}} \cdot C_{\text{oil-water}} \cdot (T_{\text{out, oil-water}} - T_{\text{in, oil-water}}) \quad (5\text{-}4)$$

式中，$Q_{\text{oil-water}}$ 为油水混合物升温需要的能量，单位为 W；$m_{\text{oil-water}}$ 为油井产出液质量流量，本书根据大庆油田实际取值为 2t/d；$T_{\text{out, oil-water}}$ 为油水混合物的出口温度，本书取 323K；$T_{\text{in, oil-water}}$ 为油水混合物的开采温度，即入口温度，本书取 293K；$C_{\text{oil-water}}$ 为油水混合物的比热容，本书取 4000J/kg·K；

根据公式(5-4)计算单井原油产出液，如果采用本实验台的碟式太阳能聚光系统进行加热，那么需要的能量 $Q_{\text{oil-water}}$ 为 2760W。根据 5.2 节实验测试结果，当太阳辐射强度为 500W/m^2 时，系统通过介质水带出的能量为 2919W，也就是说本书采用的实验台完全可以保证油田 1 口油井(即使考虑部分中间传热过程存在损失的条件下)进行正常输送，这对于油田节能减耗和提高社会效益等具有重要意义。正是基于此意义，本书设计了碟式太阳能聚光系统在油田集输工艺利用的系统流程示意图，如图 5-15 所示。

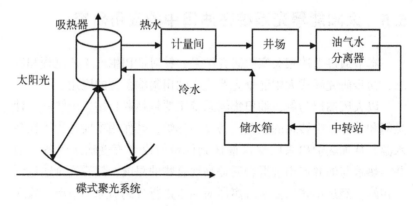

图 5-15　碟式太阳能系统在油田集输工艺利用的示意图

5.6　本章小结

本章重点针对碟式太阳能聚光系统光热转换效率及应用进行了数值模拟和实验研究，并得出以下结论：

(1)通过介绍搭建在哈尔滨工业大学能源科学与工程学院的碟式太阳能聚光系统实验台，提出了严寒高纬度地区太阳能光热转换实验方案，而且实验测试了太阳辐射强度为 $500W/m^2$ 条件下腔式吸热器表面热流密度并与数值模拟计算结果进行了对比分析，两者最大误差为 13.31%，验证了本书建立的数学模型可以用来准确计算碟式聚光系统腔式吸热器表面的辐射热流。

(2)以蒙特卡洛法计算的腔式吸热器表面热流密度分布规律为边界条件，在考虑自然对流热损失的基础下，采用 UDF 函数导入Fluent 计算软件，数值模拟了吸热器出口水温的变化规律以及对流热损失；同时建立了碟式聚光系统光热转换效率计算模型，并通过相关实验测试数据给出了光热转换效率随太阳辐射强度的变化特征，即热效率随太阳辐射强度的增加而减小的变化规律。

（3）基于油田实际运行需求和特点，理论设计了太阳能在油田集输系统利用中的流程，并从能量守恒的角度初步验证了可行性。

第6章 结 论

    本书以严寒高纬度地区碟式太阳能聚光系统光热转换及利用为应用背景，采用理论研究与实验相结合的技术路线，结合油田工程实际对太阳能利用发展的技术需求，对太阳辐射强度的准确计算、腔式吸热器的优化设计、腔式吸热器热流密度场分布规律、高效光热转换效率及应用等关键科学问题进行了研究。

    总结全部工作，得出的主要结论如下：

    (1)提出了太阳辐射强度计算模型中气溶胶修正因子的概念并进行了计算。首先基于地面观测数据反演计算光谱光学厚度和粒子分布特性，根据经典的 Mie 理论和粒子系辐射理论，计算了光谱衰减系数；然后采用普朗克模型、罗斯兰德模型和普朗克-罗斯兰德模型计算了全谱带范围内的平均衰减系数，并基于 SMARTS 软件计算了太阳光谱辐射强度和完成了模型的选择；其次采用普朗克模型计算了 15 种煤烟天气和 8 种沙尘天气条件下的气溶胶修正因子并给出了实际应用中的选定方法；再基于气溶胶修正因子的计算结果并结合太阳辐射强度的 Hottel 模型计算了哈尔滨地区典型时间段的太阳辐射强度日周期性和年周期性变化规律；最后通过实验测量手段验证了本书建立的理论模型的可靠性。研究结果表明，气溶胶对太阳辐射强度的影响强烈，理论计算中需要考虑气溶胶修正因子。

    (2)基于蒙特卡洛法的研究思路和太阳光线传输特性，以碟式太阳能聚光系统为研究物理模型，结合光学、传热学、计算热辐射学等多学科知识，建立了太阳光线的发射、反射、吸收以及逃逸过程中的数学模型，重点建立了旋转抛物面的发射点模型，并采用 FORTRAN 95 语言完成了太阳能腔式吸热器高效光热转换数值模拟

116

程序计算源代码的编写。同时根据建立的数值程序分析计算了单碟和多碟太阳能聚光系统腔式吸热器无量纲热流规律，获得了单碟与多碟太阳能聚光系统在有效面积相同的条件下无量纲热流变化趋势几乎相同的结论。

（3）提出了腔式吸热器形状设计的等高度等面积法和等开口等面积原则，设计了 4 种不同形状的腔式吸热器，并进行了腔内热流密度场分布特征的研究，在考虑材料光学特性的基础上，给出了热流密度随材料光学特性的变化尺度。最后以吸热器获得最大有效吸热量为目标函数，通过研究 6 种不同高径比条件下腔式吸热器的无量纲热流分布特性，构建了吸热器总吸热量与吸热器高度之间的本构方程，获取了系统最优的高径比。研究结果表明，圆柱形腔式吸热器具有热流分布均匀、对称和安装维修方便的优点，腔式吸热器最优的高径比为 1∶3。研究结果将为碟式太阳能聚光系统高效光热转换提供最优的腔式吸热器。

（4）针对碟式太阳能聚光系统光线传输特性，揭示了太阳光线聚集品质的传输机理及特性。通过研究 3 种不同焦距、5 种不同太阳辐射强度对热流分布规律的影响，获得了焦面热流分布和光斑特性的宏观规律，得出了最大辐射热流值出现的位置高度随焦距的增加而增加的结论，提出了圆柱形腔式吸热器最大辐射热流值出现位置的函数关系，为实验开展研究和腔式吸热器安装提供支持和保障。

（5）通过开展 6 种不同系统误差对碟式聚光系统腔式吸热器无量纲热流分布规律的影响研究，定量获得了热流密度的分布特征，发现了系统误差对碟式太阳能聚光系统的热流分布是有利的，而且对腔式吸热器的总吸热量影响不大，在本书计算范围内的最大误差在 6.44% 以内。因此，本书提出了系统误差（在 0~10mrad 变化范围内且可以忽略系统误差对总吸热量影响的前提下）对于碟式太阳能聚光系统是有利的这一结论。

（6）系统提出了严寒地区碟式太阳能聚光系统的实验测试方法和技术措施。实验测试了腔式吸热器热流密度分布规律，验证了数值模拟结果的精度，最大误差在 13.31%；同时把基于蒙特卡洛法计算的辐射热流分布规律作为边界条件(以 UDF 函数的形式),采用 Fluent 计算软件数值模拟了碟式太阳能聚光系统腔式吸热器出口水温分布规律;完成了太阳能光热转换效率基本参数的测试,建立了光热转换效率计算模型,给出了热效率的变化特征。研究结果表明,系统光热转换效率随太阳辐射强度的增加而减小,热效率的最大值为 52.12%,最小值为 40.51%。最后,结合油田工程的特点,设计和提出了太阳能在油田工程利用中的流程图并进行了初步验证。

附录一　典型气溶胶粒子光谱复折射率

波长/μm	沙　尘		煤　烟	
	实部	虚部	实部	虚部
0.200	1.530	0.070	1.500	0.350
0.250	1.530	0.030	1.620	0.450
0.300	1.530	0.008	1.740	0.470
0.337	1.530	0.008	1.750	0.470
0.400	1.530	0.008	1.750	0.460
0.488	1.530	0.008	1.750	0.450
0.515	1.530	0.008	1.750	0.450
0.550	1.530	0.008	1.750	0.440
0.633	1.530	0.008	1.750	0.430
0.694	1.530	0.008	1.750	0.430
0.860	1.520	0.008	1.750	0.430
1.060	1.520	0.008	1.750	0.440
1.300	1.460	0.008	1.760	0.450
1.536	1.400	0.008	1.770	0.460
1.800	1.330	0.008	1.790	0.480
2.000	1.260	0.008	1.800	0.490
2.250	1.220	0.009	1.810	0.500
2.500	1.180	0.009	1.820	0.510
2.700	1.180	0.013	1.830	0.520

续表

波长/μm	沙 尘		煤 烟	
	实部	虚部	实部	虚部
3.000	1.160	0.012	1.840	0.540
3.200	1.220	0.010	1.860	0.540
3.392	1.260	0.013	1.870	0.550
3.500	1.280	0.011	1.880	0.560
3.750	1.270	0.011	1.900	0.570
4.000	1.260	0.012	1.920	0.580
4.500	1.260	0.014	1.940	0.590
5.000	1.250	0.016	1.970	0.600
5.500	1.220	0.021	1.990	0.610
6.000	1.150	0.037	2.020	0.620
6.200	1.140	0.039	2.030	0.625
6.500	1.130	0.042	2.040	0.630
7.200	1.400	0.055	2.060	0.650
7.900	1.150	0.040	2.120	0.670
8.200	1.130	0.074	2.130	0.680
8.500	1.300	0.090	2.150	0.690
8.700	1.400	0.100	2.160	0.690
9.000	1.700	0.140	2.170	0.700
9.200	1.720	0.150	2.180	0.700
9.500	1.730	0.162	2.190	0.710
9.800	1.740	0.162	2.200	0.715
10.000	1.750	0.162	2.210	0.720
10.591	1.620	0.120	2.220	0.730
11.000	1.620	0.105	2.230	0.730

续表

波长/μm	沙　尘		煤　烟	
	实部	虚部	实部	虚部
11.500	1.590	0.100	2.240	0.740
12.500	1.510	0.090	2.270	0.750
13.000	1.470	0.100	2.280	0.760
14.000	1.520	0.085	2.310	0.775
14.800	1.570	0.100	2.330	0.790
15.000	1.570	0.100	2.330	0.790
16.400	1.600	0.100	2.360	0.810
17.200	1.630	0.100	2.380	0.820
18.000	1.640	0.115	2.400	0.825
18.500	1.640	0.120	2.410	0.830
20.000	1.680	0.220	2.450	0.850
21.300	1.770	0.280	2.460	0.860
22.500	1.900	0.280	2.480	0.870
25.000	1.970	0.240	2.510	0.890
27.900	1.890	0.320	2.540	0.910
30.000	1.800	0.420	2.570	0.930
35.000	1.900	0.500	2.630	0.970
40.000	2.100	0.600	2.690	1.000

注：数据来自文献[149]。

附录二　主要符号表

英文缩写

AERONET	气溶胶自动观测网，Aerosol Robotic NETwork
AOD	大气气溶胶光学厚度，Aerosol Optical Depth
AR	吸热器高径比，Aspect Ratio
CFD	计算流体动力学软件，Computational Fluid Dynamics
MCM	蒙特卡洛法，Momte-Carlo Method
Rand	随机数，Random number
SMARTS	Simple Model of the Atmospheric Radiative Transfer of Sunshine
UDF	用户自定义函数，User-Defined Function

英文字母

a	参数，	[—]
$a_1, \cdots, a_{10}$	参数，	[—]
a_n	散射系数，	[—]
A	面积，	[m^2]
b	参数，	[—]
$b_1, \cdots, b_{10}$	参数，	[—]
b_n	散射系数，	[—]

c　比热容，$[\text{J}\cdot\text{kg}^{-1}\cdot\text{K}^{-1}]$；参数，$[-]$

C_a，C_e，C_s　粒子的吸收截面、衰减截面、散射截面，$[\mu\text{m}^2]$

C_1，$\cdots$，C_{10}　方程的 10 个系数，$[-]$

d　参数，$[-]$

D　直径，$[\text{mm}]$

e　地球绕太阳公转时运动和转速变化而产生的时差，$[']$；参数，$[-]$

E　当地经度，$[°]$

$E_b(T)$　$=n^2\sigma T^4$，黑体辐射力，$[\text{W}/\text{m}^2]$

$E_{b\eta}$　按波数变化的黑体辐射力，$[\text{W}\cdot\text{m}^{-2}\cdot\mu\text{m}^{-1}]$

f　参数，$[-]$

f_v　为粒子的体积百分比，$[-]$

$F_{b(\lambda_{k1}-\lambda_{k2})}$　黑体辐射函数，$[-]$

F_x，F_y，F_z　函数 $F(x,y,z)$ 的偏导数，$[-]$

G　$=\dfrac{\pi D^2}{4}$，粒子几何投影面积，$[\mu\text{m}^2]$

g　大气外的太阳辐射强度，$[\text{W}/\text{m}^2]$

h　当地海拔高度，取 0.146，$[\text{km}]$；普朗克常数，$[\text{J}\cdot\text{s}]$

H　腔式吸热器的高度，$[\text{mm}]$

I　太阳辐射强度，$[\text{W}/\text{m}^2]$

I_c　太阳辐射常数，取 1353，$[\text{W}/\text{m}^2]$

I_λ　光谱辐射强度，$[\text{W}/(\text{m}^2\cdot\text{sr}\cdot\mu\text{m})]$

k　波尔兹曼常数，$[\text{J}/\text{K}]$；光谱谱带编号，$[-]$；气象条件系数，$[-]$

k_λ　光谱吸收指数，$[-]$

L　介质层厚度，$[\text{m}]$；最大热流出现的位置高度，$[\text{mm}]$

m　质量流量，$[\text{kg}/\text{s}]$

m_λ 　 $n_\lambda - ik_\lambda$，粒子的光谱复折射率，[—]

M 　参数，取值为 0 或 1，[—]

$\vec{M}(m_x, m_y, m_z)$ 　光线方向向量，[—]

n 　计算日期从元旦开始算起的天数，[天]；折射率，[—]

n_λ 　光谱折射指数(单折射率)，[—]

N 　能量发射光束，[根/mm²]；光线法向向量，[—]

N_0 　粒子总的数密度[cm⁻³]

$N(D)$ 　粒子数密度分布，[cm⁻³·μm⁻¹]

NB　划分的谱带总数

p 　抛物面的焦距，[mm]；发射点，[—]

$P(D)$ 　粒子粒径分布函数，[μm⁻¹]

q 　热流密度值，[W/m²]

Q_a, Q_e, Q_s 　粒子的吸收因子、衰减因子、散射因子，[—]

Q_j 　第 j 表面所获得的热流，[W]

r 　半径，[mm]

R_θ 　天顶角 θ 的随机数，[—]

R_φ 　圆周角 φ 的随机数，[—]

R_{ξ^*} 　随机分布函数，[—]

S 　散射函数，[—]

t 　参数，[—]

T 　标准时间即钟表显示时间，[小时]；温度，[K]

x 　x 轴坐标，[—]

y 　y 轴坐标，[—]

z 　z 轴坐标，[—]

希腊字母

α 太阳天顶角，[°]；吸收率，[—]；向量与 x 方向的夹角，[°]

β 气溶胶修正因子，$\beta_A = \overline{\kappa_e} / \overline{\kappa_{e,A}}$，[—]；向量与 y 方向的夹角，[°]

γ 向量与 z 方向的夹角，[°]

δ 太阳赤纬角，[°]

ζ 太阳时，[小时]

η 光热转换效率，[%]

Θ 散射角，[°]；无量纲热流，[—]

θ 天顶角，[°]；太阳光线入射方向与腔式吸热器轴线之间的夹角，[°]

σ 系统误差，[mrad]

λ 波长，[μm]

ξ 随机变量值，[—]

ρ 反射率，[—]

τ 穿透率，[—]；光学厚度，[—]

φ 当地纬度，[°]；圆周角，[°]

$\Phi(\Theta)$ 散射反照率，[—]

κ 衰减系数，[m^{-1}]

$\overline{\kappa_e}$ 谱带平均衰减系数，[m^{-1}]

κ_e，$\kappa_{e,A}$，$\kappa_{e,G}$ 大气介质(含粒子)、气溶胶、气体的衰减系数，[m^{-1}]

$\phi(\xi)$ 密度函数，[—]

χ $= \pi D / \lambda$，粒子的尺度参数，[—]

ω 太阳时角，[°]；吸收、散射性介质的散射反照率、消光系数，[—]

下角标

a	气溶胶修正
A	气溶胶
amb	环境
conv	对流热损失
eff	有效
foc	焦面
G	气体
i	任意表面
in	进口
j	任意表面
loss	热损失
mg	每根太阳光线
oil	油
out	出口
P	普朗克模型
P-R	普朗克-罗斯兰德模型
R	罗斯兰德模型
sur	表面
sh	散射辐射量
total	总吸热量
water	水
x	x 轴坐标系
y	y 轴坐标系
z	z 轴坐标系
zs	直射辐射量
φ	圆周角
θ	天顶角
λ	光谱(波长)

上角标

* 当地坐标系

参 考 文 献

[1]姜虹，刘力娜，梁冰.降低我国石油对外依存度的思考[J].中国石油企业，2012，9（6）：32-33.

[2]中国能源政策白皮书.我国石油对外依存度升至57%[J].中国石油和化工标准与质量，2012，10：1-2.

[3]王宏明，胡全伟，翟昊，等.大庆油田"十一五"节能技术改造节能效果测试分析[J].石油石化节能，2012，9：6-7.

[4]田晶，栾庆.大庆油田地面工程节能技术措施浅析[J].石油石化节能，2012，10：26-29.

[5]赵雪峰.单管集油工艺在大庆油田的应用实践[J].油气田地面工程，2012，31（5）：54-56.

[6]秦忠诚.有杆泵抽油机井节点能耗及系统效率优化仿真模型及应用[J].中外能源，2012，17（8）：83-87.

[7]吕荣洁.油田降耗三部曲[J].中国石油石化，2012，14：52-55.

[8]霍志臣，罗振涛.中国太阳能热利用2011年度发展研究报告（上）[J].太阳能，2012，1：6-11.

[9]霍志臣，罗振涛.中国太阳能热利用2011年度发展研究报告（中）[J].太阳能，2012，2：26-30.

[10]霍志臣，罗振涛.中国太阳能热利用2011年度发展研究报告（下）[J].太阳能，2012，3：6-9.

[11]Benson R.B.，Paris M.V.，Sherry J.E.，Justus C.G.. Eatimation of daily and monthly direct，diffuse and global solar radiation from sunshine duration measurements[J]. Solar Energy，1984，32（4）：523-535.

[12] Weng D. M., Sun Z., Shi B.. Climatological studies on net radiation in China [J]. Acta. Meteor. Sinica, 1989, 3: 408-420.

[13] Gueymard C. A.. Clear-sky irradiance predictions for solar resource mapping and large-scale application: Improved validation methodology and detailed performance analysis of 18 broadband radiative models[J]. Solar Energy, 2012, 86: 2145-2169.

[14] Batlles F. J., Rubio M. A., Tovar J., Olmo F. J., Alados-Arboledas L.. Empirical modeling of hourly direct irradiance by means of hourly global irradiance [J]. Energy, 2000, 25: 675-688.

[15] Janjai S.. A method for estimation of direct normal solar irradiation from satellite data for a tropical environment [J]. Solar Energy, 2010, 84: 1685-1695.

[16] 刘浩, 尹宝树. 一个可用于实时计算的太阳辐射模型[J]. 海洋与湖沼, 2006, 37 (6): 493-497.

[17] 胡清华, 高孟理, 王三反, 等. 青藏高原太阳辐射热的计算与利用[J]. 兰州交通大学学报(自然科学版), 2005, 24 (4): 493-497.

[18] 黄静, 陈志鹏, 李存霖, 等. 南京地区的太阳能辐射特性[J]. 电力与能源, 2013, 34 (1): 82-84.

[19] 王俊琪, 陈禹绩, 闵琪. 苏州地区冬季太阳辐射特性研究[J]. 苏州大学学报(工科版), 2007, 27 (2): 55-57.

[20] 宣守丽, 石春林, 金之庆, 等. 长江中下游地区太阳辐射变化及其对光合有效辐射的影响[J]. 江苏农业学报, 2012, 28 (6): 1444-1450.

[21] Janjai S., Pankaew P., Laksanaboonsong J.. A model for calculating hourly global solar radiation from satellite data in the tropics [J]. Applied Energy, 2009, 86 (9): 1450-1457.

[22] Yao Z. H, Wang Z. F, Lu Z. W, Wei X. D. Modeling and simulation of the pioneer 1 MW solar thermal central receiver

system in China [J]. Renewable Energy, 2009, 34 (11):
2437-2446.

[23] David B., Ruxandra V., Pieter S.. Innovation in concentrated
solar power[J]. Solar Energy Material and Solar Cells, 2011, 95
(10): 2703-2725.

[24] Wu J., Chee C. C.. Prediction of hourly solar radiation using a
novel hybrid model of ARMA and TDNN [J]. Solar Energy,
2011, 85 (5): 808-817.

[25] Su Y., Chan L. C., Shu L. J, Tsui K.. Real-time prediction
models for output power and efficiency of grid-connected solar
photovoltaic system [J]. Applied Energy, 2012, 93: 319-326.

[26] 何立群, 丁力行. 太阳能建筑的热物理计算基础[M]. 合肥:
中国科学技术大学出版社, 2011.

[27] 程曙霞, 葛新石. 用非稳态卡计法测定太阳辐射强度的研究
[J]. 太阳能学报, 1980, 1 (2): 214-220.

[28] 卢奇, 周建伟. 全国主要城市晴天逐时太阳辐射强度与太阳
能集热器最佳倾斜角度的模拟[J]. 建筑科学, 2012, 28
(S2): 22-26.

[29] 吴继臣, 徐刚. 全国主要城市冬季太阳辐射强度的研究[J].
哈尔滨工业大学学报, 2003, 35 (10): 1236-1239.

[30] 林媛. 太阳辐射强度模型的建立及验证[J]. 安徽建筑工业学
院学报(自然科学版), 2007, 15 (5): 44-46.

[31] Clausing A. M.. An analysis of convective losses from cavity solar
central receiver [J]. Solar Energy, 1981, 27 (4): 295-300.

[32] Clausing A. M.. Convective losses from cavity solar receivers-
comparisons between analytical predictions and experimental results
[J]. Journal of Solar Energy Engineering, 1983, 105 (1):
29-33.

[33] Behnia M., Reizes J. A., Davis, G. D.. Combined radiation and
natural-convection in a rectangular cavity with a transparent wall
and containing a non-participating fluid[J]. International Journal

for Numerical Methods in Fluids，1990，10（3）：305-325.

[34] Steinfeld A.，Schubnell M..Optimum aperture size and operating temperature of a solar cavity-receiver［J］.Solar Energy，1993，50（1）：19-25.

[35] Balaji C.，Venkateshan S. P..Interaction of surface radiation with free-convection in a square cavity［J］.International Journal of Heat and Fluid Flow，1993，14（3）：260-267.

[36] Ramesh N.，Venkateshan S. P..Effect of surface radiation on natural convection in a square enclosure［J］.Journal of Thermophysics and Heat Transfer，1999，13（3）：299-301.

[37] 孙加滢.太阳能聚能系统能量传输特性分析［D］.哈尔滨：哈尔滨工业大学，2006.

[38] Shuai Y.，Xia X. L.，Tan H. P..Radiation performance of dish solar concentrator /cavity receiver systems［J］.Solar Energy，2008，82（1）：13-21.

[39] 翟辉.采用腔体吸收器的线聚焦太阳能集热器的理论和实验研究［D］.上海：上海交通大学，2009.

[40] Wu S. Y.，Xiao L.，Cao Y. D.，Li Y. R..Convection heat loss from cavity receiver in parabolic dish solar thermal power system：a review［J］.Solar energy，2010，84（8）：1342-1355.

[41] 马惠民，周翠萍，唐豫年，等.太阳能聚光器技术性能指标的理论研究［J］.太阳能学报，1984，5（3）：329-334.

[42] 帅永，夏新林，谈和平.碟式抛物面太阳能聚能器焦面特性数值仿真［J］.太阳能学报，2007，28（3）：263-267.

[43] 王磊磊，黄护林.新型太阳能聚焦器焦面能流分布仿真［J］.电力与能源，2012，33（2）：174-180.

[44] 王富强.太阳能碟式聚光系统聚集特性及吸热器光热力特性［D］.哈尔滨：哈尔滨工业大学，2012，35-37.

[45] Vittitoe C. N.，Biggs F..The HELIOS model for the optical behavior of reflecting solar concentrators.Sandia National Laboratories report，SAND76-0347［R］.USA，1976.

[46] Ratzel A. C. , Boughton B. D. , Mancini T. R. , Diver, R. B. . CIRCE (Convolution of Incident Radiation with Concentrator Errors): A computer code for the analysis of point-focus solar concentrators. Sandia National Laboratories report, SAND86-1172C[R]. USA, 1986.

[47] Leary P. L. , Hankins J. D. . A user's guide for MIRVAL. Sandia National Laboratories report, SAND77-8280[R]. USA, 1979.

[48] Daly J. C. . Solar concentrator flux distributions using backward ray tracing[J]. Applied Optics, 1979, 18 (15): 2696-2699.

[49] Jeter S. M. . The distribution of concentrated solar radiation in paraboloidal collectors[J]. Journal of Solar Energy Engineering, 1986, 108 (3): 219-225.

[50] Sootha G. D. , Negi B. S. . A comparative study of optical designs and solar flux concentrating characteristics of a linear Fresnel reflector solar concentrator with tubular absorber[J]. Solar Energy Materials and Solar Cells, 1994, 32 (2): 169-186.

[51] Spirkl W. , Timinger A. , Ries H. , Kribus A. , Muschaweck J. . Non-axisymmetric reflectors concentrating radiation from an asymmetric heliostat field onto a circular absorber [J]. Solar Energy, 1998, 63 (1): 23-30.

[52] Dissner F. . Operation manual for the measurement activities with heat flux distribution system [C]. Deutsche forschungs-und versuchstalt furluft-und raumfahrt, 1981.

[53] Wang M. , Siddiqui K. . The impact of geometrical parameters on the thermal performance of a solar receiver of dish-type concentrated solar energy system[J]. Renewable Energy, 2010, 35 (1): 2501-2513.

[54] Pancotti L. . Optical simulation model for flat mirror concentrators [J]. Solar Energy Materials and Solar Cells, 2007, 91 (7): 551-559.

[55] Riveros-Rosas D. , Herrera-Vázquez J. . Optical design of a high

adiative flux solar furnace for Mexico[J]. Solar Energy, 2010, 84 (5): 792-800.

[56] Li Z. G. , Tang D. W. , Du J. L. , Li T.. Study on the radiation flux and temperature distributions of the concentrator-receiver system in a solar dish/Stirling power facility[J]. Applied thermal engineering, 2011, 31 (10): 1780-1789.

[57] Lovegrove K. , Burgess G. , Pye J.. A new 500 m^2 paraboloidal dish solar concentrator [J]. Solar Energy, 2011, 85 (4): 620-626.

[58] Jorge F. , Oliveira A. C.. Numerical simulation of a trapezoidal cavity receiver for a linear Fresnel solar collector concentrator[J]. Renewable Energy, 2011, 36 (1): 90-96.

[59] Taumoefolau T. , Paitoonsurikarn S. , Hughes G. , Lovegrove K.. Experimental Investigation of Natural Convection Heat Loss From a Model Solar Concentrator Cavity Receiver[J]. Journal of Solar Energy Engineering, 2004, 126 (2): 801-807.

[60] Reynolds D. J. , Jance M. J. , Behnia M. , Morrison G. L.. An experimental and computational study of the heat loss characteristics of a trapezoidal cavity absorber[J]. Solar Energy, 2004, 76 (1): 229-234.

[61] Muftuoglu A. , Bilgen E.. Heat transfer in inclined rectangular receivers for concentrated solar radiation [J]. International Communications in Heat and Mass Transfer, 2008, 35 (5): 551-556.

[62] Reddy K. S. , Sendhil Kumar N.. An improved model for natural convection heat loss from modified cavity receiver of solar dish concentrator[J]. Solar Energy, 2009, 83 (10): 1884-1892.

[63] Sendhil Kumar N. , Reddy K. S.. Comparison of receivers for solar dish collector system [J]. Energy Conversion and Management, 2008, 49 (4): 812-819.

[64] Reddy K. S. , Sendhil Kumar N.. Combined laminar natural

convection and surface radiation heat transfer in a modified cavity receiver of solar parabolic dish [J]. International Journal of Thermal Sciences, 2008, 47 (12): 1647-1657.

[65] Prakash M., Kedare S. B., Nayak J. K.. Investigations on heat losses from a solar cavity receiver [J]. Solar Energy, 2009, 83 (2): 157-170.

[66] Prakash M., Kedare S. B., Nayak J. K.. Determination of stagnation and convective zones in a solar cavity receiver [J]. International Journal of Thermal Sciences, 2010, 49 (4): 680-691.

[67] Li X., Kong W. Q., Wang Z. F., Chang C., Bai F. W.. Thermal model and thermodynamic performance of molten salt cavity receiver [J]. Renewable Energy, 2010, 35 (5): 981-988.

[68] Singh P., Sarviya R. M., Bhagoria J. L.. Heat loss study of trapezoidal cavity absorbers for linear solar concentrating collector [J]. Energy Conversion and Management, 2010, 51 (2): 329-337.

[69] Tao Y. B., He Y. L.. Numerical study on coupled fluid flow and heat transfer process in parabolic trough solar collector tube [J]. Solar Energy, 2010, 84 (8): 1863-1872.

[70] Singh H., Eames C. P.. A review of natural convective heat transfer correlations in rectangular cross-section cavities and their potential applications to compound parabolic concentrating (CPC) solar collector cavities [J]. Applied thermal engineering, 2011, 31 (14): 2186-2196.

[71] Fang J. B., Wei J. J., Dong X. W., Wang Y. S.. Thermal performance simulation of a solar cavity receiver under windy conditions [J]. Solar Energy, 2011, 85 (1): 126-138.

[72] 翁乔力, 徐光, 李新秋, 等. 中温太阳能集热器系统热状态特性数值模拟的三维动态热网络实验验证 [J]. 太阳能学报,

1999, 20 (2): 196-199.

[73] 程泽东, 何雅玲, 陶于兵, 等. 槽式集热器吸热管外混合对流换热数值模拟[J]. 工程热物理学报, 2009, 30 (5): 863-865.

[74] 肖杰, 何雅玲, 程泽东, 等. 槽式太阳能集热器集热性能分析[J]. 工程热物理学报, 2009, 30 (5): 729-733.

[75] 程泽东, 何雅玲. 有压腔式吸热器复杂耦合换热机理数值研究[J]. 工程热物理学报, 2011, 32 (3): 488-492.

[76] 杜胜华, 夏新林, 唐尧. 太阳光不平行度对太阳能聚集性能影响的数值研究[J]. 太阳能学报, 2006, 27 (4): 388-393.

[77] 帅永, 张晓峰, 谈和平. 抛物面式太阳能聚能系统聚光特性模拟[J]. 工程热物理学报, 2006, 27 (3): 484-486.

[78] 于春亮, 王幸智, 王富强, 等. 螺旋盘管腔式太阳能吸热器的热力耦合特性[J]. 工程热物理学报, 2012, 33 (12): 2133-2136.

[79] 袁远, 帅永, 王雁鸣, 等. 轮胎面定日镜焦平面处热流分布的数值模拟[J]. 工程热物理学报, 2009, 30 (6): 1029-1031.

[80] 戴贵龙, 夏新林, 于明跃. 石英窗口太阳能吸热腔热转换特性研究[J]. 工程热物理学报, 2010, 31 (6): 1005-1008.

[81] 王富强, 帅永, 谈和平. 腔式太阳能吸热器的热分析[J]. 工程热物理学报, 2011, 32 (5): 843-846.

[82] 廖葵, 龙新峰. 碟式太阳能热发电系统中吸热器温度场模拟[J]. 化学工程, 2009, 37 (8): 63-66.

[83] 贾培英, 王跃社. 太阳能腔式吸热器沸腾传热性能研究[J]. 工程热物理学报, 2010, 31 (7): 1151-1154.

[84] 李铁, 张璟, 唐大伟. 太阳能斯特林机用新型吸热器的设计与模拟[J]. 工程热物理学报, 2010, 31 (3): 451-453.

[85] Henden L., Rekstad J., Meir M.. Thermal performance of combined solar systems with different collector efficiencies [J]. Solar Energy, 2002, 27 (4): 299-305.

[86] Panwar N. L. , Kaushik S. C. , Kothari S. . Experimental investigation of energy and exergy efficiencies of domestic size parabolic dish solar cooker [J]. Renewable Sustainable Energy, 2012, 4: 023111.

[87] Reddy K. S. , Veershetty G. . Viability analysis of solar parabolic dish stand-alone power plant [J]. Applied Energy, 2013, 102: 908-922.

[88] Charalambous P. G. , Kalogirou S. A. , Maidment G. G. , Yiakoumetti K. . Optimization of the photovoltaic thermal (PV/T) collector absorber [J]. Solar Energy, 2011, 85 (5): 871-880.

[89] Llorente J. , Ballestrin J. , Vázquez A J. . A new solar concentrating system: Description, characterization and applications [J]. Solar Energy, 2011, 85 (5): 1000-1006.

[90] Paitoonsurikarn S. , Lovegrove K. . Numerical Investigation of Natural Convection Loss From Cavity Receivers in Solar Dish Applications [J]. Journal of Solar Energy Engineering, 1983, 133 (2): 1-10.

[91] Fang J. B. , Tu N. , Wei J. J. . Numerical investigation of start-up performance of a solar cavity receiver [J]. Renewable Energy, 2013, 53: 35-42.

[92] Mekhilef S. , Saidur R. , Safari A. . A review on solar energy use in industries [J]. Renewable Sustainable Energy Reviews, 2011, 15: 1777-1790.

[93] Tyagi H. , Phelan P. , Prasher R. . Predicted efficiency of a low-temperature nanofluid-based direct absorption solar collector [J]. Journal of Solar Energy Engineering of ASME, 2009, 131: 041004.

[94] Mahian O. , Kianifar A. , Kalogirou S. A. , Pop I. , Wongwises S. . A review of the application of nanofluids in solar energy [J]. International Journal of Heat and Mass Transfer, 2013, 57: 582-594.

［95］施钰川．太阳能原理与技术［M］．西安：西安交通大学出版社，2011．

［96］何梓年．太阳能热利用［M］．合肥：中国科学技术大学出版社，2009．

［97］陈德明，徐刚．太阳能热利用技术概况［J］．物理，2007，36（11）：840-847．

［98］高维，徐蕙，徐二树，等．塔式太阳能热发电吸热器运行安全性研究［J］．中国电机工程学报，2013，33（2）：92-97．

［99］张淞源，关欣，关殿华，等．太阳能光伏光热利用的研究进展［J］．化工进展，2012，31（S1）：323-327．

［100］严刚峰．太阳能聚热发电方式的选择［J］．应用能源技术，2012，11：41-45．

［101］吴光波，宋亚男．太阳能热发电发展现状及关键技术战略研究［J］．电子世界，2012，3：54-57．

［102］杜凤丽．太阳能热发电发展现状及趋势［J］．新材料产业，2012，7：5-11．

［103］陈静，刘建忠，沈望俊，周俊虎，岑可法．太阳能热发电系统的研究现状综述［J］．热力发电，2012，41（4）：17-22．

［104］AL-Kharabsheh S．，Goswami D. Y.．Experimental study of an innovative solar water desalination system utilizing a passive vacuum technique［J］．Solar Energy，2003，75：395-401．

［105］Shanmugan S．，Rajamohan P．，Mutharasu D.．Performance study on an acrylic mirror boosted solar distillation unit utilizing seawater［J］．Desalination，2008，230：281-287．

［106］Whang A. J.，Chen Y. Y.，Wu B. Y.．Innovative design of cassegrain solar concentrator system for indoor illumination utilizing chromatic aberration to filter out ultraviolet and infrared in sunlight［J］．Solar Energy，2009，83：1115-1122．

［107］Korecko J．，Jirka V．，Sourek B．，Cerveny J.．Module greenhouse with high efficiency of transformation of solar energy，utilizing active and passive glass optical rasters［J］．Solar

Energy, 2010, 84: 395-401.

[108] Zhai X. Q., Wang R. Z., Dai Y. J., Wu .J. Y., Xu Y. X., Ma Q.. Solar integrated energy system for a green building[J]. Energy and Buliding, 2007, 39: 985-993.

[109] 卢艳. 德国住宅设计中的太阳能利用系统[J]. 建筑学报, 2003, 3: 61-63.

[110] 彭瑛. 民用建筑太阳能利用[J]. 湖南工业大学学报, 2012, 26 (5): 90-94.

[111] 杨铭, 王志峰, 杨旭东. 我国农村地区太阳能利用方式和原则[J]. 建设科技, 2009, 9: 33-35.

[112] 陈昊, 王纲. 太阳能发电潜力及前景分析[J]. WTO 经济导刊, 2012, Z1: 48-51.

[113] Fasfous A., Asfar J., Al-Salaymeh A., Sakhrieh A., Al_hamamre Z., Al-bawwab A., Hamdan M.. Potential of utilizing solar cooling in the University of Jordan[J]. Energy Conversion and Management, 2013, 65: 729-735.

[114] Wang R. Z., Zhai X. Q.. Development of solar thermal technologies in China[J]. Energy, 2010, 35: 4407-4416.

[115] Kulkarni G. N., Kedare S. B., Bandyopadhyay S.. Design of solar thermal systems utilizing pressurized hot water storage for industrial applications[J]. Solar Energy, 2008, 82: 686-699.

[116] Gou C. H., Cai R. X., Hong H.. A novel hybrid oxy-fuel power cycle utilizing solar thermal energy [J]. Energy, 2007, 32: 1707-1714.

[117] Ayadi O., Aprile M., Motta M.. Solar cooling systems utilizing concentrating solar collector-An overview[J]. Energy Procedia, 2012, 30: 875-883.

[118] Han C. F., Liu J. X., Liang H. W., Guo X. S., Li L.. An innovative integrated system utilizing solar energy as power for the treatment of decentralized wastewater[J]. Journal of Environmental Sciences, 2013, 25 (2): 274-279.

［119］Tather M.，Erdem-Senatalar A..The effects of thermal gradients in a solar adsorption heat pump utilizing the zeolite-water pair［J］. Applied Thermal Engineering，1999，19：1157-1172.

［120］Wang Z. F.，Li X.，Yao Z. H.，Zhang M. M..Concentrating solar power development in Chian［J］. Journal of Solar Energy Engineering of ASME，2010，132：021203-1-8.

［121］Badran A.，Hamdan M..Utilization of solar energy for heating fuel oil［J］. Energy Concersion and Management，1998，39（1-2）：105-111.

［122］Kamil K.，Ahmet S..Renewable energy potential and utilization in Turkey［J］. Energy Concersion and Management，2003，44（3）：459-1478.

［123］Alexander T.，Simon F.，Louise S..Energy savings for solar heating system［J］. Solar Energy，2006，80（11）：1463-1474.

［124］王学生，王如竹，吴静怡，等. 太阳能加热输送原油系统应用研究［J］. 油气储运，2004，23（7）：41-45.

［125］贾庆仲. 太阳能在石油输送中的应用研究［J］. 太阳能学报，2004，25（4）：483-487.

［126］陈渝广，丁月华，李适伦. 原油集输太阳能加热节能技术的应用［J］. 石油工程建设，2005，2：72-75.

［127］朱明，王学生，戚学贵，等. 采用太阳能加热输送原油的太阳热水系统［J］. 能源技术与管理，2006，1：68-70.

［128］常光宇，严江，李文颖，等. 输油管道太阳能加热炉的设计及运行思路［J］. 中外能源，2007，12（1）：111-114.

［129］黄健，谭咏梅. 太阳能加热原油控制系统的设计与应用［J］. 石油化工自动化，2007，5：20-22.

［130］刘晓燕，刘佳佳，李玉雯，等. 油田联合站应用太阳能加热原油技术研究［J］. 煤气与动力，2009，29（10）：5-10.

［131］郭敬红. 大庆油田利用太阳能加热输送原油应用分析［J］. 黑龙江八一农垦大学学报，2010，22（5）：33-35.

［132］侯磊，张欣，周伟. 太阳能在油气田地面工程中的应用［J］.

应用能源技术，2011，1：40-43.

[133]尹松. 基于太阳能的原油储罐加热系统数值模拟[J]. 科学技术与工程，2011，11（18）：4190-4193.

[134]裴俊峰，陈广敏. 太阳能和热泵技术在原油加热系统的应用[J]. 油气储运，2012，31（4）：289-291.

[135]高丽. 太阳能电加热组合技术在油田生产中的应用[J]. 节能技术，2012，30（9）：428-430.

[136]杨会丰，常振武，王林平，等. 太阳能集热技术在油田井组集输系统的现场试验分析[J]. 石油石化节能，2012，2：45-49.

[137]艾利兵. 储油罐利用太阳能间接加热系统集热器和换热盘管的面积计算研究[J]. 太阳能，2012，16：56-58.

[138] Andreae M. O.. Climatic effects of changing atmospheric aerosol level [M]//Henderson-Sellers, A. (Ed.), World survey of climatology, future climate of the world, Elsevier. New York：1995, 16：341-392.

[139]胡丽琴，刘长盛. 云层与气溶胶对大气吸收太阳辐射的影响[J]. 高原气象，2001，20（3）：264-269.

[140]袁远. 含典型气溶胶粒子的大气辐射传输与反演[D]. 哈尔滨：哈尔滨工业大学，2012.

[141] Fang L., Yu T., Gu X. F., Wang S. P., Gao J., Liu Q. Y.. Aerosol retrieval and atmospheric correction of HJ-1 CCD data over Beijing[J]. Journal of Remote Sensing, 2013, 17（1）：151-164.

[142]刘婷，黄兴友，高庆先，等. 不同气象条件下的气溶胶时空分布特征[J]. 环境科学研究，2012，26（2）：122-128.

[143]晏然，袁远，张旭升，等. 大气气溶胶对远红外窗口辐射致冷的影响[J]. 工程热物理学报，2013，34（1）：121-124.

[144]段佳鹏，韩永翔，赵天良，等. 尘卷风对沙尘气溶胶的贡献及其与太阳辐射的关系[J]. 中国环境科学，2013，33（1）：43-48.

[145]田鹏飞，张镭，曹贤洁，等．基于 Fernald 和 Klett 方法确定
气溶胶消光系数边界值[J]．量子电子学报，2013，30（1）：
57-65.

[146]林海峰，辛金元，张文煜，等．北京市近地层颗粒物浓度与
气溶胶光学厚度相关性分析研究[J]．环境科学，2013，34
（3）：826-834.

[147]谈和平，夏新林，刘林华，等．红外辐射特性与传输的数值
计算[M]．哈尔滨：哈尔滨工业大学出版社，2006.

[148]杨世铭，陶文铨．传热学[M]（第四版）．北京：高等教育出
版社，2006.

[149]石广玉．大气辐射学[M]．北京：科学出版社，2007.

[150]Gueymard C. A.. User's manual of SMARTS code [M] (version
2. 9. 5). Bailey：Solar Consulting Services，2006：1-50.

[151]Gueymard C. A.. Interdisciplinary applications of a versatile
spectral solar irradiance model：A review[J]．Energy，2005，
30：1551-1576.

[152]http：//www. chinaenvironment. com/view/viewnews. aspx？k =
20021001144137796.

[153]余其铮．辐射换热原理[M]．哈尔滨：哈尔滨工业大学出版
社，2000.

[154]夏新林．空间光学系统的杂散辐射计算与热分析研究[D]．
哈尔滨：哈尔滨工业大学，1997.

[155]张鹤飞．太阳能热利用原理与计算机模拟[M]．西安：西北
工业大学出版社，2007，4-75.

[156]Wu S. Y.，Guan J. Y.，Lan X.，Shen Z. G.，Xu L. H..
Experimental investigation on heat loss of a fully open cylindrical
cavity with different boundary conditions [J]．Experimental
Thermal and Fluid Science，2013，45：92-101.

[157]Hajmohammadi M. R.，Poozesh S.，Campo A.，Nourazar
S. S.. Valuable reconsideration in the constructal design of cavities
[J]．Energy Conversion and Management，2013，66：33-40.

［158］Khorasanizadeh H. ，Nikfar M. ，Amani J. . Entropy generation of Cu-water nanofluid mixed convection in a cavity［J］. European Journal of Mechanics B/Fluids，2013，37：143-152.

［159］Zhang Q. Q. ，Li X. ，Wang Z. F. ，Chang C. ，Liu H. . Experimental and theoretical analysis of a dynamic test method for molten salt cavity receiver［J］. Renewable Energy，2013，50：214-221.

［160］李勇华. 低辐射高吸收太阳能高温陶瓷涂层材料的研究［D］. 武汉：武汉理工大学，2012，109-112.

［161］Wang F. Q. ，Shuai Y. ，Yuan Y. ，Liu B. Effects of material selection on the thermal stress of tube receiver under concentrated solar irradiation ［J］. Materials and Design，2012，33：284-291.

［162］韩旭. 浅析碟式太阳能发电技术［J］. 能源与节能，2012，3：17-18.

［163］Goswami D. Y. ，Kreith F. ，Kreider J. F. . Principles of solar engineering ［M］（second）. Philadelphia：Taylor and Francis Publishing Corp，2000.

［164］李安定，李斌，杨培尧，等. 碟式聚光太阳热发电技术［J］. 太阳能，2003，3：25-27.

［165］李进良，李承曦，胡仁喜. 精通 Fluent 6.3 流场分析［M］. 北京：化学工业出版社，2010.